# 地方志災異資料叢刊

第二編

31

于春媚　賈貴榮　編

國家圖書館出版社

# 第三十一冊目録

福建省

（明）葉溥修　（明）張孟敬等纂

# 【正德】福州府志

明正德十五年（1520）刻本（抄配）

福州府志卷之三十三

祥異志

祥異天之賞罰乎人也志之每爲一時之警且勉天下後世道之矣

唐

大曆二年秋福建水灾

建中三年六月福建大旱井泉竭人暍且疫死者甚衆

貞元六年夏福建道疫

十二年大水

十七年魡池水赤如血

太和二年福建進瑞粟一十一粟

開成五年夏福建蝗疫

大中二年七月福建觀察使啟儀進瑞粟十莖莖有五六穗

五代唐

長興四年閩地震按通鑑綱目初閩王審知性節儉府舍皆庳陋及延鈞僭偽大作宫殿極土木之盛尹氏發明曰延鈞以弑逆得國遂主僭竊又驕淫不道綱目書閩地震者明他國無

荊閩地獨裹也未幾兵亂繼作遂至不能其光天之告戒果可忽哉夫以區區蕞爾之境而天戒猶若此況奄有四海者哉

宋

太平興國八年二月知福州何允昭獻芝二本

至道二年四月福清縣解雨黄黑豆又長樂太平二鄉雨黑豆皆堅實異常

天聖四年九月壬申閩諸州雨水壞民廬舍

元祐八年福建海風駕潮害民田

大觀三年福建旱

景德二年八月福州海上有颶風廬舍壞

大中祥符元年十二月懷安縣龍眼樹上紫芝連理

二年正月荔枝樹上生連理芝二本

四年四月古田縣僧舍竹一本上分三莖

五年十二月候官縣山上生芝草五十四本閩縣

望泉寺生芝草十本

七年四月獻芝草二本

皇祐元年七月生芝草一十二本

政和二年福清縣龍首橋溪流暴溢忽深數丈有物

翻騰波浪閭落居民數百家皆儀曹林摯及其弟摮挈家寓於文興亭俱沒

紹興二年春福建饑斗米千錢令憲臣移廣粟以賑

六年春福建饑令帥臣郭使者振粟勸分且漕廣粟以助

十八年六月候官縣有竹實如米饑採而食之

二十年八月冲虛觀皁莢木翠葉再實

二十九年七月戊戌水入城漂閩侯懷三縣田廬

官吏不以聞憲臣樊光遠坐黜

隆興二年正月福建諸州地震

二年大旱首種不入自春至八月

乾道二年三月丙午夜福清縣石竹山大石自移聲如雷石方可九尺所過成蹊[illegible]四尺而山之木石如故

三年八月霖雨閩禾蘇菽粟多腐

六年夏福建路旱福漳建三州為甚

淳熙四年五月庚子大雨水至于壬寅漂民廬數千家

五年六月戊辰古田縣大水漂民廬圮縣治市橋

閏月乙巳暴風雨夜作福清及海口鎮大水漂民廬官舍倉庫溺死者甚衆

十年八月霖雨自巳未至於九月乙丑

十一年福建旱

十二年福建饑亡麥令守臣賑粜

十三年冬十月甲戌火

十四年福建旱禱之

十五年水

十六年五月福建大霖雨

紹熙二年四月福建路霖雨至于五月　五月己酉
朔水浸附郭民廬侯官懷安縣漂千三百餘家古
田閩清亦壞田廬
五年九月雨至于十月福建亦苦雨
十一年四月不雨至于八月
嘉泰二年六月福建路連雨至于七月丁未大風雨
爲災　七月水害苗稼丙午古田縣水漂官舍民
廬甚衆溺死者二百七十人
二年四月瑞麥生　十月甲午火燔四百餘家

開禧元年福建旱

嘉定四年十月辛卯福州一夕再火燔城門僧寺民

廬千餘家死者數人

八年閩旱

九年五月大水漂田廬害稼

十三年饑人食草根

十四年閩旱福州為甚

十六年閩亡麥禾是年秋大水壞田稼十五六

十七年五月福建大水建寧南劒尤甚七月丁酉

詔命福建路監司賑恤被水貧民是年五月大
水漂水口鎮民廬皆盡併官縣甘蔗皆漂數百
家人多溺死是年秋颶風大作壞田損稼
景定四年颶風 十一月福州火
咸淳十年長樂福清二縣大旱 閩中旱 冬十月
閩中地震
宋季時晝錦坊有賣米者一夕雷震死其家三人大
書屍上凡九字其文曰兴口凡八辰口凡六晝皆
盜起民貧至有買糠充飢者雷擊之一家賣米則先費
以水責糠則和以参土雷所書九字人不能識有

好事者書于萬壽塔柱以詢知者有一老過之曰
但於其中直貫一畫則成文矣蓋謂米中用水椽
中用木楦也按羅源縣志所載
如此而不著年月姑附于此

紹定三年福建蝗

嘉熙四年福建大旱

淳祐七年福建水

十一年閩旱

寶祐元年閩旱

德祐元年三月閩中地復大震

元

元貞二年福建饑賑粟有差

大德六年饑五月丁巳賑以糧一萬四千七百石

至正四年大旱自三月不雨至于八月　夏秋大疫

十四年大饑人相食　是年福建大旱

二十三年正月連江縣有虎入縣治

二十四年七月白晝獲虎于郡城西

二十七年十月丙辰雷雨地震　十二月庚午又

震有聲如雷

國朝

成化十三年火燬還珠門及民廬數百家

十六年長樂縣十八都昆由里地平突起小阜高三四尺人畜踐之輒陷鄉人聚觀以為異明年復於其左湧起一山廣袤五丈餘是年大疫傍近居民病死甚衆嚮聚觀者悉罹其禍

十八年七月癸巳長樂縣大雨至八月丁酉朔漂禾稼壞公私屋宇先是半占山裂皆十一年也至是崩壓居民廬舍死者二十有七人連江縣亦於七月甲午風雨急甚至八月戊戌洪水橫溢縣

治學舍倉廒壇壝及民舍田禾俱為所壞溺死

者百二十人牛畜穀粟漂沒不可勝計

十九年六月庚辰大風雨拔木發屋壞公署民廬

不可勝計環城敵樓戰屋摧毀殆盡閩侯官懷

安長樂連江福清羅源永福閩清九縣濱江近

溪屋宇移蕩尤甚田疇禾稼崩陷推流過半官

私舟船漂沒萬數民溺死者千餘人

二十年十二月戊寅夜地震有聲

二十一年自三月雨至閏四月終不止溪水泛溢

湧入城市閩侯懷安古田閩清連江羅源永福

共八縣漂流官私廬舍浸没倉粮文牘渰溺人

畜傷害田稼不可勝計繼復大疫死者相枕藉

十月丁未地震起自西北有聲

二十二年春旱五月以後大旱禾稼薄收古田連

江二縣疫十無一二寧者六月巳卯夜地震九

月丙寅夜又震

二十三年春旱無麥秋大旱無禾

弘治七年正月十八還珠門火延居民二百餘家

十二年夏五月不雨至于冬十月大饑

正德三年七月二十六日還珠門火延居民廬舍二

百餘家

六年四月虎突至水部門外上居民屋鎮巡三司

諸公親臨射殺之八月地震後三日地生白毛

十二年四月光城中地震連五六日或五六震有

聲十一月冬至雷

十三年四月雷震常豐倉厫氣樓及官廳五月大

雨轟雷掣東城門屋十餘家大水入城三尺餘

地震六月十九日夜半長樂海潮突入高二丈

餘聲震若雷近海居民多漂沒秋無麥禾大饑

(清)徐景熹修　(清)魯曾煜、施廷樞等纂

# 【乾隆】福州府志

清乾隆十九年(1754)刻本

## 祥異

福郡襟帶嶺海上山下澤互通其氣天地有噫日月星辰有差草木蟲魚有異其常亦理之恒不足驚愕者而人事亦應焉夫漢以餘善徙民而熒惑守歲吳越伐王氏併土而錢文兆覩此郡之妖孽常參與貿而瑞穀屢茁宋朱子講學而芝之草先呈此郡之祥然則妖祥豈不以人歟今

聖王當陽百靈効順道循其軌物若其性嶺通佳氣海不

揚波斯固孫之彔瑞應之記所不能備載已志祥異

大歷二年秋福建水災 文獻通考

建中三年六月大旱井泉竭疫死者甚衆 正德府志

貞元六年福建等道大旱井泉竭人渴疫死者衆 萬曆府志

貞元十二年四月福建大水 文獻通考

貞元十七年福州劍池水赤如血 文獻通考

元和二年七月福建進瑞粟一十一莖 文獻通考

[illegible]咸五年夏蝗疫 正德府志

符五年十二月黃巢陷福州殺戮 唐書

符間羅源縣留錢山山上雨錢以億萬計樹木皆

八池錫家一夕雨錢數萬 萬歷府志

石山薛老峰僞閩癸卯歲一夕風雨闇山上如數千

喧譟旦則三字倒立其年閩亡 樵書

年興國八年十二月知福州何允昭獻芝二本 正德府志

道二年四月福清縣麻雨黃黑豆長樂縣太平二鄉雨

黑豆皆堅實異常 閩書

景德元年閩颶風 宋史

景德二年八月福州海上有颶風壞廬舍 文獻通考

大中祥符元年十二月懷安縣龍眼樹上紫芝連理 正德府志

大中祥符二年正月荔枝樹上生連理芝二本 萬曆府志

大中祥符四年四月古田縣僧舍竹一本上分三莖 舊福建通志

大中祥符五年十一月候官縣山上生芝草五十四本閩縣聖泉寺生芝草十本 正德府志

大中祥符七年四月獻芝草二本 正德府志

天聖四年閩大水 宋史

天聖四年九月壬申閩諸州雨水壞民廬舍 文獻通考

皇祐元年七月生芝草一十二本 萬曆府志

皇祐八年福建海風駕潮害民田 文獻通考

建中靖國元年福建旱 宋史

大觀三年福建旱 宋史

政和二年福清縣龍首橋溪流暴溢忽深數丈有物翻騰波浪間漂民居數百家時儀曹林摯及其弟攀挈家寓于文與亭爲水漂沒 林寒谷志

靖康元年八月福州亂軍殺其知州事柳廷俊宋史

建炎二年六月癸亥建州卒葉儂等作亂寇福州甲戌葉儂陷福州宋史

紹興二年春饑斗米千文五月福州水浸城覆縣漂溺民廬文獻通考

紹興五年九月至十月福建苦雨文獻通考

紹興六年春福建饑宋史

紹興十八年六月候官縣有竹實如米饑民採食之閩書

紹興二十八年八月沖虛觀阜莢木翠葉再實正德府志

紹興二十九年五月福建閩生沙田 宋史

紹興二十九年七月戊戌水入城漂閩候懷安三縣田廬憲臣光遠不以聞坐黜 正德府志

隆興二年正月福建諸州地震是年大旱苗種不入自春至八月 文獻通考

乾道二年三月丙午夜福清縣石竹山大石自移聲如雷石方可九尺所過成蹊山之草木如故 福清縣志

乾道三年八月霖雨閩禾麻果多腐 舊福建通志

乾道六年夏福建路旱福漳建三州爲甚 文獻通考

淳熙四年五月庚子福州大水至于壬寅漂民廬數千家 宋史

淳熙五年六月戊辰古田縣大水漂民廬圮縣治市橋梁 宋史

淳熙五年閏月乙巳暴風雨夜作福清縣城及海口鎮大水漂民廬官舍倉庫溺死者甚衆 福清縣志

淳熙十年八月霖雨自巳未至于九月乙丑 正德府志

淳熙十一年福建旱 文獻通考

淳熙十二年福州饑無麥 文獻通考

二年福州地震宋史

淳熙二年冬十月甲戌火正德府志

淳熙十四年福建旱宋史

淳熙十五年福州水萬曆福建通志

十六年五月大霖雨正德府志

紹熙二年四月福建路霖雨至于五月己酉朔水壞民廬候官懷安二縣漂千三百餘家古田閩清亦宋史

紹熙五年九月雨至于十月正德府志

紹熙十一年四月不雨至于八月正德府志

嘉泰二年六月福建路連雨至于七月丁未大風雨爲災

水害禾稿閩午古田縣漂流官民廬舍甚衆溺死數百

人文獻通考

嘉泰二年四月福州瑞麥生宋史

嘉泰二年十月甲午福州火燔四百餘家閩書

嘉泰九年正月福州大水流田廬害稼文獻通考

開禧元年福建旱是歲又大水宋史

嘉定四年十月辛卯福州一夕再火燔城門僧寺閩書

嘉定八年閩旱 文獻通考

嘉定九年五月福州大水漂田廬害稼 舊福建通志

嘉定十三年春福州饑人食草根 文獻通考

嘉定十四年閩旱福州為甚 舊福建通志

嘉定十六年秋福州大水壞田稼十五六 文獻通考

嘉定十七年五月大水壞水口鎮候官甘蔗砦漂數百家人多溺死是秋颶風大作壞田損稼 閩書

紹定三年蝗 萬歷府志

平七年福州大旱詔州縣軍旅之後遺骼棄道路感傷

和氣令有司收瘞之閩書、理宗端平只三年無十十二年此與下俱誤

端平十二年福州大水傳福建通志

嘉熙三年六月福州旱宋史

淳祐七年福州大水傳福建通志

寶祐十一年福州大旱傳福建通志

景定四年十一月己亥福州火宋史

咸淳十年長樂福清大旱福清縣志

咸淳十年十月閩中地震傳福建通志

景炎元年夏五月乙未朔端宗即位于福州是日天大雪

出府中衆皆驚仆 萬歷府志

元

至元二十七年十月丙辰福州雷雨震 元

至元四年福州自三月不雨至于八月是年夏秋又大疫

史

至正十四年福州大饑人相食是年大旱 元

至正二十三年正月虎入連江縣城內羅源縣猛獸害人

非虎非熊或曰駁馬云 閩書

至正二十四年七月白晝獲虎于郡城內 元

至正二十七年十月丙辰福州雷雨地震十二月庚午又震有聲如雷閩書

至元二十九年有蝴蝶自建州來元首彩翼形幻大小隊五隊有千百人皆以蝴蝶軍稱之羅源縣志

明

洪武四年永福賊溫九作亂掠鄉里有司捕之逃去後復來急義士楊惟吉率衆圍獲之舊福建通志

洪武六年六月癸酉福州地震十月辛酉又震閩書

洪武十三年六月壬午閩縣烈風暴雨廢民居人有壓死

者是年壬戌福州地震閩書

洪武二十年大旱正德府志

洪武二十一年長樂大水長樂縣志

洪武二十七年丙申福州地震萬歷府志

永樂七年春正月太監鄭和自福建航海通西南夷造艦于長樂時稱鄭和爲三寶下西洋師還閩中從與士陞賞有差先時長樂有十洋成市狀元來之讖

造舟于此乃應焉馬鐸李騏俱大魁閩書

永樂十年長樂縣首石山鳴讖云首石山鳴出大魁

錄及第後六年李騏又及第 長樂縣志

統八年戊辰沙尤賊鄧茂七作亂福州山賊攻劫

破羅源古田永福閩清死者不可勝計處州賊復

寇入連江福州城嚴避寇入城者日以千計 天順日錄

十[illegible]年火焚遷塔門及民居數百家 閩書

十六年長樂縣十八都見田生突起小墩高三四尺

首殘之徵明年復於其左湧起 山廣袤丈餘

樂縣志[illegible]抄貴古為女為男之兆唐武后

此[illegible]小[illegible]萬貴妃專寵[illegible]遊

[illegible]上谷

此其[illegible]也

成化十八年七月癸巳長樂縣大雨至八月丁酉朔廬
舍及禾稼壞公私屋宇先是十一年半占山崩裂至是
又崩壓居民廬舍 長樂縣志

成化十八年七月甲午連江縣大風雨至八月戊戌洪水
橫溢縣治學舍倉廒墻垣俱壞溺死者百二十人 連江縣志

成化十九年六月庚辰福州大風雨拔木發屋官署民廬
盡壞九縣濱江屋宇蕩析尤甚船隻漂沒無算 正德府志

成化二十年戊寅夜地震有聲 萬曆府志

成化二十一年自三月雨至閏四月終不止溪水泛溢入

城闕候懷安古田閩清連江羅源永福諸縣漂流官私廬舍浸没倉糧溺人畜害田稼繼復大疫死者相枕藉

十月地震起自西北有聲萬曆府志

成化二十二年春旱五月以後大旱禾稼薄收古田連江二縣疫六月巳卯地震九月内夤夜又震正德府志

成化二十三年羅源賊刼縣庫官帑八復之萬曆府志

宏治七年正月十八日還珠門火延居民一百餘家正德府志

宏治十一年春長樂十九都靈峰上産芝三本長樂縣志

宏治十四年古田寇逼縣城官庫燬之萬曆府志

十六年長樂馬頭江大風覆舟死者幾百人長樂縣志

三年七月念六日還珠門火延燒居民廬舍百餘萬歷府志

四年連江縣地生白毛焚之有髮氣萬歷府志

德六年虎突至水部門城上居民擊鎮二司親射殺之

八月地震後三日地生白毛舊福建通志

德十二年四月地震凡三歲五六震皆有聲萬歷府志

德十三年四月雷震常豐倉五月雷震東門大風雨上

入城三尺地震六月十九日夜半長樂海潮突入高一

丈餘聲震若雷近海居民多漂沒焉　無麥禾大饑萬曆府志

正德十四年長樂大雨雪正德府志

嘉靖四年長樂梅花鎮海水忽變赤色經日復清魚[illegible]數萬斃萬曆府志

萬曆十年四月長樂太常山鳴長樂縣志

萬曆十一年春福州大雨雪里巷積至人丈是歲閩[illegible]
[illegible]史取

萬曆十三年二月雷震靈巖寺浮屠　火光如炬[illegible]

嘉靖十八年閏四月颶風大作屋瓦皆飛烏石山有亭飛墜田中萬曆府志

嘉靖十一年羅源大水沙壓田長樂饑大疫羅源長樂二志

嘉靖十三年閩大饑

嘉靖二十九年長樂地震長樂縣志

嘉靖三十年雨石於連江聲如雷十一月福州地震舊福建通志

嘉靖三十一年二月福州烏石九仙二山產珠人取之着手輒碎是年連江生珠大如菉豆舊福建通志

嘉靖三十四年六月大雨雹倭寇福清海口殺數百人大掠而去（皇明實錄）

嘉靖三十五年春二月大雨雹三月地震是歲民間訛言有獸鼠精狀如貓觸人必死城中家擊金鼓若防巨寇夜不敢寐有道士符咒之官賞之然道士逸去怪亦絕八月倭數千人由海入寇省會四郊被焚死者枕藉南臺洪塘民居蕩燬（世宗實錄）

嘉靖三十七年夏四月閩縣李樹上生桃福清縣有警賊寇其邑丹是月倭賊遶江轉北嶺復逼會城解攻陷

陷之（皇明實紀）

嘉靖三十八年倭寇福州城門盡閉掠近郊陷永福縣秦

五月倭攻福清（萬曆府志）

嘉靖四十一年正月朔地震有聲三月三衛軍郭天養等

作亂八月倭攻福清圍未解道撫游震得告急於浙江

總督胡宗憲遣參將戚繼光率兵萬人間道趨閩十月

衛軍郭天養再作亂（明史）

嘉靖四十五年正月朔福州地震（閩書）

萬曆元年三月堆木山鳴三日每日鳴七次（羅源縣志）

萬歷二年八月晝暝空中有聲如雷地大震候官縣方山巨石墜壓田閩書

萬歷六年五月大水候官懷安稼損十之八是歲大旱閩書

萬歷十八年福州正月不雨至秋八月閩書

萬歷十九年夏福州大旱舊福建通志

萬歷二十二年二月不雨至夏五月穀價湧貴饑民大譟掠劫城中越三日乃定舊福建通志

萬歷三十年九月颶風作長樂渡舟覆溺死三十餘人八月二十五夜長星亘天大紅色閩書

萬歷三十二年十一月初九日福州地大震有聲至夜復搖不止屋宇將傾牆垣多頹塌 舊福建通志

萬歷三十四年八月初七日大風陽岐江五舟並覆時興泉漳三郡生儒就試不得入欲發舟舟人止之不從中流起風溺死千餘人 閩書

萬歷三十六年五月大饑九月閩縣鼓山石崩有聲如雷

十一月二十三日東城守門軍妻鄭氏一產三男二女

十二月十七日巳時布政司火藥庫火 閩書

萬歷三十七年五月二十六日大水入城八月大雨初六

日烏石山崩貢院内水深數尺文場垣舍傾壞巡撫陸夢祖改首塲試期至初十日始入試（閩書）

萬曆三十九年羅源縣蒦虎爲虐知縣陳艮諫禱於神捕獲四虎害遂息（羅源縣志）

萬曆四十年二月十一日大風馬江渡覆死者百餘人（舊福建通志）

萬曆四十一年羅源縣大旱（羅源縣志）

萬曆四十二年長樂縣后山民房發火有龍起於鼓尾潭大雨火滅（長樂縣志）

萬歷四十三年八月永福縣大水漂流城郭田園人畜亡無算永福縣志

萬歷四十五年福建災明史

萬歷四十六年秋分夜東方有雲赤白色形如刀長丈餘累月方消舊福建通志

天啓元年羅源天堂山連鳴三日羅源縣志

崇禎五年三月大雨雹麥無粒收舊福建通志

崇禎十年十一月十九夜西南有物如流星下墜大如瓜至半夜而滅舊福建通志

崇禎十二年連江浦口地裂出血噴激丈餘連江縣志

崇禎十三年長樂風大作發屋拔木長樂縣志

崇禎十四年正月二十八日福州雨水如黃泥五月二十日大水淹城及半七月初一夜大風拔木發屋官署民廬盡燬八月城中野外果木皆華舊福建通志

崇禎十五年九月二十七日福州南門火延燒千餘家舊福建通志

國朝

順治二年六月二十七日明唐藩入閩是夜有星形如長

二年五月十八日積雨注成巨浸城中水深[illegible]尺[illegible]

治五年春福州大饑舊福建通志

治十六年七月二十八日福州颶風大作舊福建通志

順治十八年夏福州大水漂溺廬舍七月初一日火燒鼓樓

門樓延燒居千餘家舊福建通志

康熙[illegible]年十月彗星見舊福建通志

康熙[illegible]年[illegible]源縣羣虎噬民閏六月永[illegible]大水漂溺城[illegible]

尚府田閩縣令舊福建通志

康熙六年九月連江縣金鐘潭有龍躍出鱗甲具

人作舊福建通志

康熙十年八月福州大水舊福建通志

康熙十一年十月十七日連江縣地大震有聲夜十數次

至十一月十一日乃止連江縣志

康熙十二年七月雷火樵樓延秋白氣見西方一旬

舊福建通志

康熙十二年十二月羅源縣三日地震羅源縣志

康熙十三年三月十五日耿精忠反十六夜大雨
耿精忠府鴟尾 舊福建通志

康熙十八年五月長樂縣大風飄屋 舊福建通志

康熙十九年福州大水各縣田廬多漂溺 舊福建通志

康熙二十年永福縣大旱禾稻絕收 永福縣志

康熙二十一年四月福州大水田廬多漂溺 舊福建通志

康熙二十二年六月五色雲見 舊福建通志

康熙二十三年三月十七日福州地震泥土生毛秋蝗為災
湖水驟溢 福建通志

康熙二十五年北武庫災延燒居民百餘家牆屋傾壞行人壓死者庫中火砲齊發飛出北郊外福建通志

康熙三十六年正月二十九夜有星如帚見西南福建通志

康熙四十一年八月十五日羅源縣大雨驟至雷擊寺塔中有字福建通志

康熙四十四年十月福州地震福建通志

康熙四十五年春夏旱農作苗一播俱遭傷冬月僅半收福建通志

康熙四十六年夏秋饑福州志

康熙四十七年春多虎福建通志

康熙五十二年夏福州大潦市可行舟福建通志

康熙五十六年五月初四日大雨水金鐘山頂石壓土崩

其聲如雷福建通志

康熙五十九年五月十六日福州大水入城市肆行舟壞

廬舍田園福建通志

康熙六十年正月二十七日福州大雨雪平地尺餘福建通志

雍正四年八月大雨水連江羅源二縣溪漲淹沒田畝二

十餘頃福建通志

雍正六年閩縣侯官長樂福清閩清五縣秋旱福建通志

雍正九年大有年福建通志

雍正十年大有年福建通志

雍正十一年七月十二日永福縣五色雲見光華溢目歷未申二時不散福建通志

乾隆二年八月十五日夜颶風海溢南臺江水漲大橋

乾隆十六年七月閩縣侯官長樂福清連江羅源俱大風雨

福州府志卷之七十四終

廈門市修志局纂修

# 【民國】廈門市志

福建省圖書館藏抄本

# 卷三

## 大事序

事往矣曷為乎志曰鑒往而知之也說曰前事不忘後事之師爰本斯意輯為是編春秋書法常事不書非常之事大事也故厦志曰舊事今志曰大事

厦門市志卷三

宋景炎元年冬張世傑駐師嘉禾里

元至正五年嘉禾千户何乪立叛

十四年寇掠嘉禾里

明正統十四年海賊張秉彝攻中左所邑人葉秉乾率

義兵却之

嘉靖二十四年春海寇掠中左所

二十六年佛郎機番船泊浯嶼巡海副柯喬發兵攻之

不克

二十七年夏四月都指揮盧鏜大敗倭於浯嶼六月倭

衝大担外嶼者再柯喬禦之嚴倭遁去

三十六年冬十一月倭泊浯嶼掠同安

三十七年倭泊浯嶼火寨攻同安知縣徐宗奭拒却之

五月海賊洪澤珍巢浯嶼冬倭再泊浯嶼

三十八年春正月倭自浯嶼掠月港珠浦官嶼五月掠

大登新倭自浙至浯嶼焚掠

三十九年新倭乇浯嶼四月漳賊謝萬貫率十二舟自

浯嶼引倭陷浯州大掠知縣譚維鼎率義兵救援泊沃頭五月參將王麟把總鄧一貫追擊倭寇於鼓浪嶼及刺嶼尾大敗之

天啟二年紅夷據澎湖犯中左所逼圭嶼海澄知縣劉斯埰守計甚溝旋引去

冬十月福建總兵官徐一鳴率兵駐中左所勦紅夷

三年紅夷復入中左所曾家沃官軍禦却之秋紅夷犯鼓浪嶼浯銅遊把總王夢熊擊破之冬十月二十四日

福建總兵官謝隆儀大破紅夷於浯嶼

四年秋巡撫南居益自島大發兵勦紅夷於澎湖克之

六年春鄭芝龍犯廈門五月遊擊盧毓英攻鄭芝龍不

克敗入廈門

七年夏六月鄭芝龍自舊鎮犯中左所總兵俞咨臯戰

敗芝龍入據之

崇禎元年春芝龍由中左所攻銅山秋七月芝龍降於

巡撫熊文燦

二年夏六月寇夜薄中左所

三年紅毛犯中左所遊擊鄭芝龍焚走之

六年紅毛突入中左所巡撫鄒維璉擊走之七月海澄
知縣梁兆陽夜襲夷於浯嶼破之

清順治三年二月明兵部徐孚遠至廈門清帥吳六奇
匿之完髮死 補 秋鄭彩鄭聯據廈門十二月鄭成功會
明文武舊僚於烈嶼設高皇帝位定盟恢復以明年丁
亥為隆武三年 補

四年鄭成功屯兵鼓浪嶼與鄭鴻逵帥師攻泉州補
七年秋八月鄭成功并彩聯軍据金厦
八年春二月提督馬得功破厦門成功還復據之
九年總督陳錦駐同安攻厦門不克而還明監國魯王
至厦門七月清陳錦領將士攻厦至同安灌口為家人
所剌補
十年夏五月固山金礪與成功大戰於厦九月諭成功
效順許漳潮惠泉四州駐兵成功不從補

十二年春三月定遠大將軍世子王攻兩島為暴風飄回分兵攻白沙弗克而還

十三年遣鄭芝龍招撫成功不就十二月成功取漳州復圍泉州至興化巡撫佟國器調潮州水師直抵厦門與閩師首尾夾擊之 補

十四年七月成功由島 [illegible] 命洪旭守思明州 補

十五年六月成功徇浙江平陽瑞安諸縣皆降 補 秋大舉攻江南

十六年冬十月成功自陵敗績回思明州

十七年夏五月將軍達素總督李率泰師勦廈島敗於

高崎九月遷排頭居民暨沿海八十八堡入內地 補

十八年夏四月成功取台灣留子經守廈島遷沿海居

民以垣為界三十里外悉墟其地復為成功所據

康熙元年夏五月成功卒子經自廈入台襲職五月總

兵許龍擒鄭成功弟成賜於廈門 補

二年春正月經復回廈門冬十月清軍大蒐兩島墟其

地而還詔舟師會剿金門廈門十月清軍克廈門如順治十八年例遷界守邊廈墟提督馬得功復廈門總督李率泰令棄其地

三年正月李率泰馬得功統水陸官兵取金廈力戰得功墜水死 補 五月鄭經據廈門島盡取同安地清萬正色自泉港分三路至圍頭乘勢搗料羅獲勝 補

十三年五月鄭經復據廈門

十七年夏六月白巾賊蔡寅歸經冬總督姚啟聖遣漳

州進士張雄至厦門招撫不成
十九年二月總督姚啟聖巡撫吴興祚水師提督萬正色陸路提督楊捷平兩島經遁台灣　二月十七日提督萬正色疏留總兵官楊嘉瑞鎮厦門
二十二年姚啟聖駐鎮厦門六月水師提督施琅帥師東征台灣克之施琅駐劄厦門嗣是水師提督開府於此移駐石潯巡檢司
二十三年常關開辦

二十五年以泉州府同知分防厦門 補
六十年夏台灣朱一貴作亂閩浙總督覺羅滿保馳赴
厦門督師六月南沃總兵官藍廷珍總統征名大軍出
擊厦門港閏六月初一日捷至初七日檻致朱一貴等
至厦解京伏誅
雍正五年興泉永道駐厦門 補
乾隆二十九年七月黃仕簡奏厦門洋船陋規總督每
年得銀一萬兩巡撫得銀八千兩閩浙總督楊廷璋 据

福建通志補

五十一年冬十一月台籍林爽文庄大田作亂提督黃
仕簡任承恩引兵剿之弗克
五十二年冬十月大學士陝甘總督嘉勇侯福康安内
大臣超勇侯海蘭察率師出大担門渡海抵鹿耳港
嘉慶四年八月安南夷艇匪竄南沃厦門戒嚴
七年厦道慶徠同知裘增壽捐廉建大小担二寨防蔡
牽也　夏五月初一日洋匪蔡牽夜入大担門擧巨砲

去水委陳鳳高死之

十一年春一月浙閩總督王德駐厦門督剿洋匪蔡牽

朱濆汀州鎮總兵官李應貴擊朱濆於大担中砲死

十三年冬金門總兵許松年砲斃朱濆於長汕尾洋　補

以上錄厦志與同安志惟厦志於各事註語過多間有與本事無關者且註語已見各書厦志存書尚多參攷亦易故概删去以省篇幅凡書補字采同安志

道光元年李千户逢華稟准提督築砲台於烏空圍
十一年五月禁廈門口不得設大窯口
十二年張丙倡亂嘉義十月朔戕知縣知府圍城匝月
興泉永道周凱駐廈門馳報巡撫魏元烺調兵平賊十
一月廿八日總督程祖洛自浙馳廈尋東渡明年正月
將軍瑚松額由廈渡台事定調凱權台灣道禁廈門口
不得販賣鴉片
十七年夏以閩浙海口因鴉片歲出銀千萬計總督鄧

廷楨嚴飭廈門海關監督稽查律辦
二十年議禁鴉片裁稅額從粵督蔣攸之請（中西紀事云康熙初鴉片至關口照葯材納稅乾隆季年閩粵吃者漸多粵督始聞於朝） 英舟駛赴廈門遣人遞書求貿易總督鄧廷楨不答調水師船連敗之 据通志補
廿一年七月鴉片之戰英人入廈英領事佔住道署金門鎮總兵江繼芸延平副將凌志灌口都司王世浚殉職水師官弁泅水逸興泉永道劉耀椿廈防同知顧敖

忠逃匝月英兵乃退

廿四年十二月禁厦門洋船運茶時董教增奏厦門洋

船請仍販運茶葉奉旨申飭 据桑遠記補

二十九年海盜陳雙喜率首伙百餘人來厦投誠總督

劉韻珂派員收納其船隻砲械

咸豐元年厦門人陳馨同安人王泉作亂漳泉道途梗

塞 任許英人在厦租地

二年小刀會起事明年春會匪黃位黃得美領兵數千

犯厦提督施中府陳逃劉五店厦城遂失右中軍鄭振
纓戰死李忠毅伯統師克復民乃安
會稽沈儲舌擊編載厦地文武殺退雙刀會克復厦城
為咸豐三年三月十一日卯刻先是會衆据厦城數月
省憲奏請前任浙江提督李襲伯廷鈺北路某副將會
劉時會衆勢漸不支陸續散去二月廿二日李襲伯同
粤省某將統帶帮船駛至鼓浪嶼先開礮紅艇回擊敵
船避匿虎頭山邊不敢還擊紅艇計擊敵人大船二只

犁沉七只轟毀敵人不計其數各路匪衆均奔逃入城
廿五日辰刻李襲伯帶兵進剿麻灶鄉將該莊店屋折
平會衆逃散不少殺死數百官軍遂進扎將軍祠紅艇
亦進泊質當港十一日之捷殺敵無數擒獲三百餘人
十六日同安候選訓導黃綸生員黃永梧稟報會首黃
德美逃匿龍轄之烏嶼橋備船欲過經倫等糾同族人
密往搜獲並獲德美胞叔黃光著即黃光揚等二名從
前被擄禁之龍溪縣長泰縣江東巡檢灌口巡檢並武

員二人俱一併救出黃德美等旋解廈凌遲處死傳首示衆余聞父老云雙刀會本烏合之衆而官軍之懦怯無能如施軍門綽號醉施者無論矣李襲伯由五通登陸設行營於龍湫亭先鋒行數里則不敢前進鳴槍示威探知會匪散已盡乃日進數里所到責令居民宰猪犒勞供奉之繁頗為騷擾然其公牘則張大其詞云

四年八月初八日颶風大雨不止平地水深尺餘塌屋不少

八年八月廿六夜彗星見尾甚長數夜方没

十年議准廣州福州厦門寧波上海及内江三口潮州瓊州台灣淡水各口通商事務著江蘇巡撫薛焕辦理

五月洋匪拉發立等在厦門搶刼源春號甏寶盛店伙陳棍内法國十四人美國四人拏交該二國領事懲辦旋釋放 据通志補

同治元年厦門新關成立

二年英人歸還公廨移鼓浪嶼是為外人居鼓浪嶼之

始
三年二月李侍賢窺伺泉厦李鴻章派郭松林洋槍隊
航海至厦相機進勦仍歸左宗棠調遣 十二月十七
晚擒太平天國首領陳金龍正法
四年四月拘獲美將白齊文解滬訊究以助太平天國
故
十二年五月厦門口建新砲台安放巨砲
十三年春三月日本兵船借地操兵泊厦門法國兵輪

亦抵厦門沈葆楨李鶴年嚴密備禦日本孟春船在厦

門測水直至中岐又煌李鶴年派兵駐厦

光緒元年四月和國設駐厦領事署

三年英人擅築海後灘

四年填築海後灘

五年局口街火毁屋五十餘座死五六十人

九年設電報局始任事者葉大鏞

十年秋彗星現於東方没於南方　七月初三日颶風

十三年十月初三日厦港火葯局火延燒甚廣提督彭楚漢會同道憲奎俊分三所施粥一鴻山寺一圓山宮一福海宮匝月始撤　洋葯税厘歸海關征收

十五年六月十五日雨雹

十七年禾山大疫繼以水江頭埭烏林埭蓮坂埭吳村均沖斷七八月間旱苗盡槁　提督彭楚漢會同閩督奏請胡里山砲台　八月廿四日大雨雹

十八年七月廿九日颶風　十一月杪雨雪

十九年旱早稻失收八月初二日風晚稻傷害

二十年夏粤港疫來船候驗始進口

二十二年夏秋疫死者多　五月郵政局開辦

二十三年鼠疫死者千餘人　始設小輪船公司川行同安石碼

二十四年鼠疫甚時一日死五十人　美國皈正長老會傳教入廈門英倫敦會繼至

二十五年日本要求虎頭山沿海一帶為租界興泉永

道惲祖祁會同紳商抗爭無效惲棄職以七月十八日
劃界居民譁變日領事上野專一泅水以免夏鼠疫
翌年三月更甚　四月開辦保商局興泉永道為督辦
廈防同知為提調
二十六年通商局改為洋務局　五月十九日京津拳
匪禍作各國調兵入京廈地大受影響　日英兵登岸
七月日本領事上野專一唆本願寺教徒縱火自焚山
仔頂教堂調艦兵登陸進紮通衢居民徙內地八月初

八日退　九月初七晚火焚屋百二十家
二十七年春法國得中國電報總辦與丹國公司允許
在鼓浪嶼大北電綫局安設水電報　常關歸新關兼
辦　美領事巴詹聲晉謁許制軍以日本窺廈島提議
將鼓浪嶼改為各國公地以杜覬覦並議定章程　疫
歷四月
廿八年元旦鼓浪嶼火燬屋一間　關仔内月眉池焚屋
四間竹樹腳火燬屋兩間　九月初二日懷德社石埕

街火三日始熄焚店七百餘間厦埠未有之火焚　保
護華僑歸國經費由海關代收　同文書院成立　設
會審公堂　冬葡國派葛華祿為駐厦領事由英國領
事署代理
卅年五月二十三日颶風　九月二十三日晚美國領
事館火　美嚴限華人入小呂宋厦於八月初一日設
拒美約會抵制美貨
卅一年關員收稅苛刻商民罷市罷港折毀海關當經

各憲會同稅務司酌議改良辦法十條　鉄路局開辦
明年開工　七月十五日市民折毀彩票公司
卅二年疫　開辦巡警
卅三年旱稻豐稔晚稻歉收　閩關裁歸總督管理
始築福建鉄路漳廈第一段　創設電話局　英領
阻廈人在海後灘設電話桿
卅四年九月廿一日颶風　十月初六日美大西洋艦
隊來廈各界開盛大歡迎會停止跑馬　土葯統捐局

裁撤　風動石為德國水兵推倒　十一月法國設廈
領事署
宣統元年赤痢天花霍亂鼠疫流行　日斯巴籍商天
仙戲園國憂演劇鬧事　停貢燕窩　擴充巡警　鉄
路局火　新關落成　大清銀行開辦　地震　水仙、
宮關隘內先後罷市　福建諮議局成立黃必成當選
議員　八月廿七日英領干涉學生攜木槍遊行海后
灘是為抗爭海后灘之始

二年旱井水竭　舉黃廷元蔡紹訓高開齊晉省請開
國會　郵局改省轄　美商團來廈　交通銀行開辦
刼案疊出商會電省保衛　漳嵩鉄路行車　史巷
罷市　地震　黃瀚設禾山去毒社
三年二月彗星現由北而南　白鶴岩生靈芝　地方
法院成立　擒海壇輪米　四月疫　九月初一日蝕
十五月蝕　十二月初六日地方自治議事會成立
洋務局改為交涉局　旱野無青草井水乾涸　華僑

莊銀安王振帮白國華等在厦組織同盟會　九月十五日厦道慶藩逃十九日福州光復廿二日革命軍入厦城　閩海關停辦　大清銀行閉　十月原鴻逵任厦道

附厦門辛亥革命紀事

辛亥武漢倡議各地响應厦門亟謀獨立先是興泉永兵備道慶藩以各處風聲不利匿不見客各界疊謁厦防分府王子鳳告以厦地革命事機已熟官吏倘能表

示退讓地方人士亦不與為難慶藩遂請疾王子鳳亦逡巡去職省垣改委章拱北任興泉永道章未敢遽接革命同志旋於八月宣告獨立

(一)維持治安

各界假廈門自治會所組織保安會以黃鴻翔洪鴻儒為之長設財政演說民團諸部首募陳吳紀三大姓及草仔垵台灣籍人為保安團凡五隊每名月薪十二元計三千餘金子彈照給仍勸諭各保仿辦一時地方游手咸編入保安隊海面則僱新馬小

火輪梭巡故光復時地方最為安靜

(二)協濟餉糈會　推銷革命軍用票累鉅萬截留常關課款數萬兩發給砲台軍餉二個月地方軍隊同時撥發餉糈特駐廈水師提督洪永安避入戰艦乃舉曹春發任中軍統率全廈軍隊餉糈均由本會負担

(三)組織參事會　光復時張海山任南部統制分府旬棄職去各界電請閩督孫道仁派員來廈維持嗣淵源到廈組織參事會新任廈門道原鴻逵亦隨船涖止

參事員係由保安會各界選出內政外交咸由該會議决交廣道施行

(四)遣散軍隊　革命軍隊原係臨時招募人額既多餉糈尤鉅參事會主張遣散前後凡數萬金

(五)勸募鉅款　改革之初開銷浩繁舉凡警政民政等均直接取給於參事會間接取給於商會馳函海內外及津滬勸捐幸海內外僑胞富商頻々接濟始克舉事云

民國元年五月陳耀煌創辦電燈公司　參事會取銷
商捐局開辦　暨南局開辦　黃鴻翔黃廷元赴省
請願設思明縣四月十八日成立旋升思明府　晚稻
豐收　臨時省議會成立
二年秋鼠疫　護僑經費取銷　厦道改南路觀察使
思明府仍改思明縣　鼓浪嶼電燈開火　暨南局取
銷　厦門電燈開火　開辦印花稅　九月部令專任
厦門交涉員旋由海關監督兼交涉員　省議會成立

黃廷元當選議員　警務局取銷改名警廳
三年漳厦鐵路收歸國有
四年四月苦潦秋苦旱　救國儲金團開成立會　中
國銀行開幕　許世英巡按到厦　思明縣知事來玉
林改禾山聯甲民團局爲禾山保董公會黃瀚黃必成
董其事　發生腫頷大頭瘟症
五年日本設警察　鼓浪嶼印捕槍斃華童　中國肇
和艦槍斃三漁人　地震　海關監督署遷鼓嶼

六年七月廿六日大風樹多拔太古躉船移島美路頭小輪沉沒溺斃頗多閩督李厚基撥三千元賑濟新加坡檳榔嶼華僑滙二千六百餘元交商會散賑常關傾塌　九月十二夜大風壞舢舨九百駁船二百漁船三十民船二十餘艘死千人財產損失尤重　十一月粵軍侵閩翌年五月督軍李厚基來廈督戰克數縣八月北軍大敗粵軍由閩西入漳戰於江東橋嵩嶼李督離廈十一月雙方停戰八年四月和議成陳烱明

為福建南部總司令九年粵軍返粵閩省統一
七年正月初三日午後二時地大震　十三日復震
罷市　六月三十日颶風滬港電綫斷　楊景文補非
常國會參議院議員楊山先補衆議院議員　楊廷樑
當選國會議員　九月英領借詞漳泉兵警令陸戰隊
登陸並築牆橫斷官道樹英國旗桿　十月十一日地
大震倒屋無數圭嶼塔尖倒　浙軍童保暄駐廈援粵
八年地屢震　全埠罷市　福建銀行開幕

九年六月初一日風連旬不止舟舶停駛　浙兵擕同
安婦女回籍罷海罷市　月蝕　地震　圖書館成立
市政會開幕　商业銀行開幕
十年去毒社開辦　因石碼柴米捐罷市罷海　閩南
汽車路開車安海至青陽市　地震　思明縣修志局
開幕　演武場厦門大學奠基　中國銀行改為分行
十一年鼓浪嶼住民爭工部局華人顧問　地震　開
工折城　全厦小學教員罷工要求加薪　各界以日

警擕械在靖山頭伏匿聯電外部抗爭　颶風　廈司
令部兵變李厚基全忠易兆変出走　來玉林被禁
藏致平任司令部司令　中國銀行移住鼓浪嶼　廈
門英法郵局撤辦　劉冠雄到廈學生遊行拒劉　十
一月廿一日道尹陳培錕交涉員劉光謙與英領締結
海后灘善後辦法撤除橫牆移徙旗杆
十二年始與公司大通船行走廈門浮宮　浮宮汽車
往來石碼海澄　禁賭局開辦　集美童子軍遊行抵

制日本貨請取銷廿一條件　各界遊行全埠罷市罷
海抵制日貨要求收回旅大　造幣廠開工鼓鑄英
兵八月初三日登陸至卅日歸艦九月二十日再登岸
地震　日本艦兵九月廿一日上岸三十日回艦出
港　太古飛輪十月再造至十四年元旦完工啟用跳
橋　十一月一日電話安置鼓浪嶼水線　賭場七十
二家取銷　駕鰲輪被盜牽去
十三年荷國安達銀行開幕　臧軍攻石碼退兵　日

本艦隊三十艘到廈　海軍總司令楊樹莊到廈　美國飛行船到廈　提督新馬路行駛人力車　行劫鷺江輪不遂之賊九名正法　月蝕　星隕　太古橋下獲鯨魚　海后美豐銀行開幕

十四年劉五店[illegible]被匪劫　大風　中興銀行開幕　全埠罷市　義國飛艇到廈

十五年黨軍入閩何應欽派員到廈籌借北伐費　自來水工程完成開始給水　閩南愛用國貨決心會成

立　漳州至江東橋鉄路開車　中華痲瘋救濟會成立　厦門自來水公司放水　鼓浪嶼華人公舉三代表參與工部局政權

十六年林國賡就任厦門警備司令　鼓浪嶼大北電報公司華員罷工太古輪船公司亦罷工要求加薪　天主堂教士被警廳拘禁破獲華童十一名　附征進口二五税　婦女解放協會成立　司令部海關換懸黨旗　警廳建消防鐘樓　台灣銀行倒閉　公斷開

辦 水警察改公安分局 警察廳改公安局 市政
促進會成立 全厦抵制日貨 颶風 厦門審判院
改思明法院 地震 月蝕
十七年福建公路興化泉州段完成 天一滙兑局倒
閉錢莊受累停業者數家 十月十八日設短波無綫
電台拍受拍發 五通行車 日警在相公宮拘捕學
生四人 小海罷海 日本兵艦横拘抵制糾察隊八
人凌辱不堪全厦罷市以示抵抗 反日會重新組織

糾察隊解散　鼓浪嶼中山圖書館開辦　渤海艦隊
在金廈口與砲台砲擊　金融維持會成立　追悼全
國死亡將士　思明縣黨務指導委員會成立
十八年禁烟大運動各界遊行　廈市釐局裁撤　各
類消費局開幕　地震　各界遊行作廢約運動　解
放女婢會成立　地震　市區内開始通車　麵粉特
稅局開辦　交涉署裁撤　各界反俄運動遊行
十九年四月十五日川走五通沃頭電船沉没溺斃一

百八十九人是為五通慘案　九月王正廷與英使蘭
浦生交涉收回厦鼓英租借地
二十年五十里外各常關裁撤改為海關分卡
二十一年省府通過厦門設市許友超為籌備處々長
十九路軍六一師六月七日抵泉七八師八月十一日
抵漳軍長蔡廷鍇抵厦入漳　十九路軍接收厦門中
央銀行
二十二年二月市政籌備處成立旋改思明市八月市

處接收思明縣署冬市府成立不久閩組織人民政府
二十三年第四路總指揮張治中率兵由海登廈襲漳
州蔣蔡軍逃龍岩完全潰敗　鼓浪嶼有無綫電報局
合併　銀出口征平衡税　中華路火警　閩變敉平
二十四年王固磐任市長兼公安局長　禾山成立直
轄特區由水警隊王成章兼任區署長　五月海關緝
私艦兩次被日艦包圍監視　福泉廈電話開始營業
二十五年一月福廈路沿途設無綫電台五處　三月

閩南各汽車公司被收官辦　三美滙兑局倒閉　金
融界損失甚鉅　日本々願寺在白鹿洞脚建達觀園
　日本艦隊六十八艘到厦
二十六年四月福泉厦公路開始聯運　七月厦門大
學改為國立　九月一五七師々長黃濤兼任厦門警
備司令　敵寇佔領金門　十一月厦市府明令禁止
壯丁出口　十二月厦門大學遷長汀　厦鼓設輪渡
日台僑及日領撤回　日艦日機襲厦門　日機炸公

園

二十七年五月十一日敵海陸軍進犯廈門抗戰兩日廈門失陷六月廈市敵偽組治安維持會李思賢任市長

二十八年四月偽廈門市商會長洪立勳被殺於鼓浪嶼龍頭街

二十九年四月偽廈門市府參議黃蓮舫被殺於鼓嶼漳州路廿八日特務機關長田村豐芷被殺於民國路

三十年十月廿六日華南情報部長澤重信被殺於大中路
三十一年一月八日鼓浪嶼工部局警長忠山貞夫被殺於鼓浪嶼康泰垵　五月廿八日僞市府在公園開紀念會忽有人投炸彈日軍捕泥金社十五人指爲投彈要犯槍殺之十五人爲林言孫香桂孫晩生孫瑞春孫子儀孫子用孫禮尊馬華玉孫嫣看馬常謀黄漢乞孫自財孫加成孫福明孫實决陳通采

按厦市大事自清順康年間遷民墟地後自以日人佔厦為最慘痛茲録吴震西厦門陷敵始末記陳通嘉禾淪陷記及閩台漢奸罪行紀實三表于下厦市抗戰淪陷情形及敵偽慘殺志士經過可窺一斑而馬營附之慷慨捐軀尤為可歌可泣前車覆後車戒吁可不懼哉

## 吴震西厦門陷敵始末記

一九三八年的五月初旬敵日在揚子江蕪湖間進行

最激烈的戰争這時候鷺島也被戰争的氣氛籠罩着五月三日的深夜靜々的台灣海峽掀起了滔天巨浪一直衝到鼓浪嶼拍着鷺江的堤岸負担着進攻厦門敵首宮田威武率領了千多名的海軍陸戰隊分乘四只運輸艦由佐世保出港在海風呼嘯中向台灣海峽南下天氣是清朗的宮田船只航行异常順利六日早抵達台灣海峽外的某一个集合點與艦隊旂艦以下的部隊相配合再經過兩日的時間四艘滿載日兵的

運輸艦已駛至金門五月九日午夜一點鐘的時候敵軍首批在與通陸地距離二千五百米的海面秘密投錨經過一小時工作完成他掩護上陸的陣勢

第一批上陸的敵軍是由日中佐山岡率領之横鎮第二特陸及日少佐志賀率領之第七特陸兩支特陸隊分乘登陸發動艇在倭中佐大竹所指揮之敷設艇的誘導下由距離九浬航路向五通邁進

山岡部隊的艦艇群和志賀部隊的艇群一在當夜二

時五十分一在二時四十五分々別在浦口的南岸和北岸密集着砲火及幾百士卒竟躍海冒彈靠岸但我海岸綫防禦堅固不是敵人可容易奪過去的首次的交戰卒葬身海底的就不知有多少三時三十分志賀部隊的松本隊在鳳頭社以決死精神破壞我鉄絲網約四十分鐘之時間死傷十餘名而我海岸防禦綫亦被突破同時鬼塚部隊亦於正面丈餘之絶壁在我手榴彈如雨下敵隊長竟於暗中突入及清早五時二十

分我援軍到達但陣地已破壞大半敵之企圖因而得逞他方山岡部隊亦於五時二十分迅速的進擊泥金社雙方格鬥至烈屍體累々敵司令宮田即於五時輕巡進發至五時三十五分敵完成在浦口社上陸五月十日上午七時敵軍開始進擊距岸約二粁之高林社四邊社通達鷄山之陣綫志賀部隊之左第一綫和福島部隊之右第一綫亦於配備後開始進擊又川崎部隊以大部寇卒在浦口社南方海岸在我猛烈砲火下

拚命衝入到上午七時十五分敵宮田司令官以時機已至特下總攻擊令敵之機銃小銃冒彈進佔我后坑及荷厝社迄前埔山各地時已為上午八時三十分敵軍被我殲滅者百餘名此一攻勢展開後敵各部隊更借敵機緊密連絡下進衝我軍節々奮抗直至午十一時半左右志賀部隊已佔領江頭及其交通要道

十日午後二時敵志賀部隊又開始向我蓮坂社開始攻擊左側川崎部隊在我奮抗下終於佔據前埔山並

奪取前埔各要點時已三時三十分是時敵川崎部隊再與前部隊配合敵司令官宮田及其幕僚站立前綫督戰午後四時奪取廈門市之天王山並以之為敵司令官指揮所准備十一日進攻事宜當時敵福島部隊第一綫和山岡部隊第二綫再配合敵川崎部隊之側方於入晚時間開始向我禾山區署一帶衝進此時我軍後方忽聞槍聲乃敵艦已突破我砲台之防綫由正面的港口衝入海口之控制權全部陷入敵手我軍之

後路已絶接應無望且無堅強的防禦工事只好退處門港一帶沿虎頭山鎮南關防綫作最猛之奮抗此時最可痛心者乃台灣浪人到處助桀為虐在台灣銀行台灣公會旭瀛書院福星旅社新世界等升起日旗作暴敵之内應午後七時敵福島部隊第一綫與山岡部隊第二綫及配備川崎部隊之側方後方完成配備夜戰的工作

十日整夜槍聲和狙擊聲震撼鷺島的天空十一日上

午即有敵機六架輪流轟炸我軍陣地我軍對粮食子彈援兵的接濟都感困難但形勢險惡而我軍保衛家邦之念並不為之稍餒仍秉不屈不撓之精神奮勇抵抗用血肉去向敵人討取最大的代價下午二時廈門市的壯丁義勇常備大隊和全體警察都總動員分佈在廈門的四周拚命與敵人巷戰直到黃昏沒有突圍過海的戰士們仍退入南普陀廈門大學憑險抵抗直到彈盡援絕全部殉國其犧牲之壯烈抵抗的英勇在

鷺島抗戰史上實最光榮最燦爛的一頁十二日的清早虎頭山据點仍有多處在我軍手里但終因接應困難張島難守奉令忍痛撤退美麗的厦門從此就墜入人間黑暗之底層矣

厦市淪陷据陳通調查表禾山死難民衆達五百餘人該表分社開列並詳載姓名年齡性別當非虛構區々一隅死者已如此其他可知嗚呼酷矣

玆僅列各社死亡總數省篇幅也

鳳頭社計死二十一人　泥金社計死三十人　浦口
社計死七人　田頭社計死四人　曲里社計死六人
坂美社計死九人　東宅社計死二十四人　黃厝
社計死二人　西頭社計死一人　嶺兜社計死六人
何厝社計死十六人　蔡塘社計死七人　林邊社計
死十六人　湖邊社計死卅七人　洪水頭計死三人
洪塘社計死四人　祥店社計死七人　劉厝社計死
三人　薛嶺社計死四人　鍾宅社計死卅二人　烏

石埔計死一人　仙岳社計死八人　西郭社計死四人　塘邊社計死十人　后坑社計死七人　殿前社計死三人　寨上社計死六人　高崎社計死三人　呂厝社計死六十人　烏林社計死四人　蓮坂社計死十九人　埭頭社計死四人　雙涵社計死十九人　梧村社計死十八人　馬壠社計死一人　湖里社計死二人　高林社計死六人　西村社計死三人　穆厝社計死六人　枋湖社計死二人　江頭街計死

五十餘人　張厝社計死一人　陳厝社計死一人　英厝社計死二人　后蓮尾社計死二人　龔厝社計死四人　庵兜社計死四人　江頭社計死一人　涌園社計死七人　后埔社計死十二人　洪山柄社計死三人　墩仔社計死二人　文灶社計死七人　塔厝社計死四人　官都社計死七人　前村社計死三人　前埔社計死六人　塔埔社計死九人　店上社計死三人　南山社計死二人　皇偶頭社計死一人

余厝社計死一人　后門社計死二人　西潘社計
死一人　浦仔社計死一人　蟳邊社計死一人　下
保社計死二人　石村社計死一人　蔡厝社計死一
人　曾厝垵社計死二十三人　港口社計死七人
東宅社計死一人　倉里社計死五人　湖里山社計
死七人　塔頭社計死一人　將軍祠社計死一人
尾頭社計死一人　西張社計死一人　原志存文献會

廿六年中日七七之變八月厦門日台僑民隨領事撤退國軍一五七師涖厦大捕漢奸死者頗不乏人金鷄寺主持瑞基釋與焉未幾七五師接防師長宋天才副師長韓文英駐厦指揮防務委營長王建章營副馬忠喜守禾山設營部於泥金社日本海軍派塩澤司令率鬼塚福島志賀山岡四部隊分乘戰艦十餘艘於廿七年五月九日午後四時駛近何厝海報章秘而不宣翌晨三時砲聲大作香山砲台及何厝前村埔泥金東宅

浦口各鄉之戰壘第八聯保主任林能隐名壯丁協抗彈盡退曾溪與曾國波同時殉難守軍避砲火入戰壕敵小艇傍岸守軍開槍擊艇上彈中敵墜水敵艇借砲火掩護排列齊進鬼塚首登陸福島志賀山岡繼之一台人趨壕上大呼曰兄弟起來降則不死守軍不應槍上擊斃台人敵大憤擁至掘土覆之守軍活埋壕中五時敵機二十一架起飛助戰彈如雨下敵未登陸前王營長告馬營副曰事急矣宜力守我去乞援竟私自高

崎逃往角尾營副身中數槍勤務兵扶息道左馬曰我無生望你速去徒死無益勤務兵弗忍捨馬厲聲曰不吾斃你勤務兵乃揮淚而別敵某小隊長誤為已死逼視之馬出其不意擊斃之强起而仆匍匐登樹手握槍思殺敵傷發而逝鄉人某感其忠勇負尸下泣而掩之十日晨六時保安隊百餘人由厦乘車往援一至浮嶼角被敵機轟炸全車覆没一至祥坫社口見敵機急下車彈落車毁不及避者死五人敵分三路挺進一路由

五通衢后院攻江頭呂厝一路由前村埔邊金鷄亭攻蓮坂雙涵一路由茂后逾自来水池攻曾厝垵敵機低飛偵察被守軍排槍擊墜一架於呂厝社口敵趕至自毁其機敵登陸時與蓮坂之役戰事尤劇烈雙方互有死傷十日夜再在吳村金榜山下混戰一場敵不支稍却十一日晨敵機炸鳳嶼監獄擲日旗於洪濟山峯及新世界屋頂守軍腸飢氣餒紛々潰散敵直衝市區沿途焚掠慘不忍睹厦禾民衆避難鼓嶼數萬人由寨上

大石湖逃入内地亦不少十二日湖里社砲台相繼失守鬼塚駐高崎分駐寨上牛家村福島入廈市駐虎頭山志賀駐呂厝分駐蓮坂山岡駐穆厝分駐五通一帶而全島陷矣

（清）朱奇珍修　（清）葉心朝、張金友纂

# 【康熙】同安縣志

抄本

# 同安縣志卷之十

## 祥異志

天之愛人甚矣禎祥妖孽先幾而見以待人之恐懼修省焉敬以承之謂異為祥可也怠以承之謂祥為異可也春秋言災異不言徵應六鷁退飛隕石于宋五據事直書而有年則紀以為異其旨微哉志著祥異蓋亦古史之遺也集祥異 朱平齋

元至正二十六年七月丙辰大雷雨三秀山崩其巔不損

明成化二十一年春夏間積雨連月田廬禾稼多為

所害

正德十三年粟一莖五穗十六年大有年

正德末年有虎患小坪民有捕石鱗魚者夜墮虎穴中比曉視之有虎子三穴深陡無所緣自分必死矣俄而虎噬一豕入張目而胥者久之乃嚙其豕為四三與子一與捕魚者復跪而上後數歸皆然捕魚者始甚苦之卒勉食如是者閱六七日一夕虎三負其子以出已復躍而下捕魚者遂跨其背以上相隨至林薄外捕魚者謂虎曰而恩我至矣他日至吾鄉吾賴以牛為謝抵家數月鄉人檻得

一虎捕魚者聞之前謂鄉人曰若輩且勿加害是無乃生我者乎從檻外視之已不復識別乃謂虎曰虎果生我者則三躍以為信虎帖尾俛首而號者三捕魚者大呼曰是矣是矣遂宰所耕牛以食衆而出之

嘉靖七年八月初九日夜大風拔木發屋瓦至初十日曉雨下如注風乃止

十一年春始雨雪同安地溫無雪故老皆以為瑞次年大熱惟荔枝龍眼枝葉焦然乃知此果宜溫

十五年丙申十六年丁酉久旱大饑民多流殍有司

[illegible]

施粥發賑無救死者蓋凶札之一會也

十七年甘露降凝木末始飴人爭採之御史李元陽

奏進薦之太廟是後十九二十二十一年俱有年

二十一年五月十三日將晡時海中氣蒸如霧有斷

虹飲海而起日下赤雲夾擁南飛一書生曰天其

殆將颶乎衆問何以知之曰吾適讀蘊過颶風賦

斷霓飲海而北指赤雲夾日以南翔與此符耳俄

而颶户果風颯有聲至夜分飛屋拔木榕樹連數

抱者俱絶根而仆百歲人所未嘗睹也

二十三年甲辰二十四年乙巳相繼旱災斗米至三

百餘錢及潮民通糴穀賤斗米僅鬻錢三十文一
時存活愈於豐稔同地窄而民輳雖年豐猶賴廣
粟故海禁終不可行恐害未除而先絕其利也
二十六年丁未七月初九日大雨達旦溪流泛漲城
不没者三版識者曰水兵象也逮冬至前一日安
溪流賊百餘人突至多所殺掠擄去索贖者甚眾
三十二年縣西郭氏宅產芝一本甚奇人爭往觀時
郭夢得尚未遊庠不三四年舉于鄉遂登壬戌進
士第
三十六年冬訛言有馬精者其來也見火星隕地婦

人抱之輒昏仆必挨出以桃柳枝撻之廼甦否則死縣境户懸桃柳夜則集婦女露坐男子環守之鳴鑼鼓達旦令徐宗夔諭禁不能止會有黄冠鬻符于市令曰此必為祟者捕而訊之搜其橐果得所為火星以硫磺和樟腦為丸置火其中裹以濕紙颺之則熾衆始釋然而妖遂寢

嘉靖乙丑歲三月二十七日疾風雷雨方未時忽昏如夜咫尺不可物色行人阻駭至申盡乃稍開霽

隆慶四年有靈芝一莖紺色金圍産於東山

萬曆七年己卯大旱蝗饑饉至六月雨

八年庚辰大歉令全枝令里長領米作粥於聖林以待饑者

九年辛巳五月初三日蛟出雨如注壞城舍溺人無數

二十二年甲午二月初八日雨黑水

二十四年丙申地生黑毛小兒隨次掘坎吹之俱有毛長寸許類豬毛

二十五年丁酉正月大雨雹三月初十又雨雹大者如鵝卵破瓦傷椽澳頭沿海一帶尤甚

丁酉三月有黑雲一片如簸箕大自縣中出南城而

去所過瓦屋皆有搖動至劉五店尤甚

三十一年癸卯八月初五日颶風大作潮湧數丈沿海民居埭田漂没甚衆船有棲於庭院者洒洲幾為巨浸董水石梁漂折者二十餘間是日漳泉販呂宋者數萬人駢首為番僧所殺此其殆沴乎

三十二年甲辰十一月初九日酉時地大震其聲如雷城堞子及廬舍多有傾頽者地有裂開丈許泥水溢出者連日微震踰月乃止自廣東江西浙江江南北直皆報地震

三十二年甲辰有年

三十八九年己酉庚戌俱有年庚戌春夏間諸縣多憂旱獨同四郊時雨霑足無枯槔聲

三十九年六月有大星尾若彗照地有光隕于南方六小星隨之其聲如雷

四十七年諸生陳文瑞葬父墳封土纔竣堆上忽産靈芝一莖越年文瑞登第

崇禎十二年元旦城南大火時令吳應恂謁關廟聞失火即趣役抱神像去俄火烈不可遏民舍燬者數百貨貲灰蕩無計人有歎擠失火以死者令曰此天災耳昨余已徵夢吾乍聞即知有此故抱像

去也并為誦夢中題廟聯句義起當年刀力大忠
留此日陣雲長民情乃定

十三年正月初七夜雷鳴雨注感化里及西南隅約
二十里許雨豆扁而細或黑或黄里民有掃之盈
升者按天雨五穀乃土失其職而天下侵象為臣
失其職而君下勞宜恐懼脩省也

十六年紅雨降于槎順里西塘張玠家盛之色如朱
是年獲雋其孫金友以是年誕

本朝順治甲午十二月浚減及五蘆山右忽地中有煙
冲騰其氣逼人三日不散泉湧如血人皆以為異

或曰此縣治龍脉所經也今城外入首處義塚纍纍實塲來脉宜亟禁止平齋

十三年丙申正月十六日大雨雪深尺許時馬總兵興役築城民苦凍寒

康熙元年壬寅大鯗人見海中有人面魚豎起水面見人笑而没越明年遷地

三年甲辰安柄有人晨起見巨蛇有角以角挂荔樹中偏反如鞦韆狀驚走至病未數日而蛟見大水壞廬舍漂人畜

五年有虎患小盈新塘大路行人多為所害有司令附近村多設樹檻之其患乃息

丙午年祥田陳氏宅多產靈芝

五年丙午六年丁未俱有年先是乙巳以前大歉老稚多流殍者忽東山石上徵露字形曰天太平丙午人不解其意至此有年乃知豐年之有兆也

七年八月洪水湮壞人居禾苗漂壓

十九年米騰貴每鄉斗價值六錢

二十年秋大旱禾麥盡槁

二十一年七月中夜有大星十餘各曳長尾其色慘澹自西南入于箕尾分野

二十九三十年大有年五穀狼戾人有雜地瓜於薪

中以飾偽欺人者此後罕覯矣

三十四年有兩虎鬥于三秀山巔俱斃識者謂虎主縣令將來必有罣誤是年徐令君果解組去

三十五年甘露降凝木末松栢居多人爭採以為錫公車北上者多以此為贈遺

三十六年三月蟲生遍埜食五穀邑令李時熙齋戒率屬設壇西郊祭以禳之

三十七年四月廿八晚大雨如注諸山多崩夜深水漲數丈船挂樹梢橋梁衝壞西門城崩民居漂沒數千家死者千餘人旅寓無計說者曰蛟怪色諸

生莊元聲葉坦謂水患西門尤甚盖由一帶砌築壅塞也呈憲勒石禁之

四十六年六月十一夜洪水幾與戊寅埒民舍亦有傾壞然水道疏通城得以完民無事焉

四十六年蓮花山有大石白日裂下聲如雷是年葉蔚偕同胎兄光國遊泮旋登俊叔心朝己丑成進士蓮花科甲自此始

四十八年八月一日辰刻昏黑如夜人皆驚駭

四十九年庚寅大歉

五十年六月地震棟宇幾傾七月又大震人至不敢

處宇下者

五十二年夏大潦閩福州水漲數日城內外浮舟以行漳屬漂蕩幾如同之戊寅朱令以西橋兩水夾流恐暮夜胥溺張燈門樓上開城令民先携老弱入避民藉以安

# 【民國】同安縣志

林學增修　吴錫璜纂

民國十八年（1929）鉛印本

災祥

元至正二十六年七月丙辰大雷雨三秀山

明成化二十一年自春徂夏積雨連月田廬禾稼多壞

正德十三年粟一莖五穗　十六年大有年　末年多虎患

嘉靖七年八月初九日夜大風拔木發屋至初十日曉雨下如注風乃止　十一年壬辰春雨雪同安地溫無雪故老皆以爲瑞次年癸巳大熟惟荔枝龍眼枝葉憔悴乃知此果宜溫　十五年丙申十六年丁酉久旱大饑民多流殍　十七年甘露降凝木末如飴人爭採之御史李元陽奏進薦之太廟是後十九二十二十一年俱有年　二十一年五月十三日將晡時海中氣蒸如霧有斷虹飲海而起日下赤雲夾擁兩飛至夜颶風大作飛瓦拔木榕樹連數抱者俱絕根而仆百歲人所未嘗睹云　二十三年甲辰二十四年乙巳相繼旱災斗米三百餘錢及潮民通糴穀賤斗米僅需錢三十文一時存活愈於豐稔　二十六年丁未七月初

九日夜大雨連旦溪流泛漲城不沒者三版識者曰水兵象也是冬安溪流賊百餘人突至多所殺戮　三十六年冬訛言有厲精其來也見火星隕地婦人犯之輒昏仆以桃柳枝鞭之乃甦否則死縣境戶懸桃柳夜則聚婦女露坐男子環守之鳴鑼鼓達旦令徐宗奭諭禁不能止會有黃冠鬻符於市令曰此必爲祟者捕而訊之搜其囊果得所爲火星以硫磺和樟腦爲丸置火其中裹以濕紙颺之則燄發始釋然而妖遂絶　三十七年三月十二日大雨雹鴻漸山石壁自五月至十一月大荒疫四十四年三月二十七日疾風雷雨方未時忽昏如夜咫尺不辨行人阻駁至申盡乃稍開霽

隆慶四年有靈芝一本紺色金圍產於東山

萬歷七年己卯大旱蝗饑饉六月乃雨　八年庚辰大歉　九月辛巳五月初三日長興從順鮫起大雨如注壞城舍溺人無數　二十二年甲午二月初八日雨黑水　二十四年丙申地生黑毛寸許類豬鬃　二十五年丁酉正月大雨雹三月初十日又雨雹大者如雞卵破瓦傷稼溪頭沿海一帶尤甚又有黑雲一片如鐵箕大自縣中出南地而去所過屋瓦俱動至劉五店尤甚　三十一年癸卯八月

初五日颶風大作潮湧數丈沿海民居墉田漂沒甚衆船有泊於庭院者洲幾爲巨浸蘆水石梁漂折二十餘間是日澤泉販呂宋者數萬人駢首爲番僧所殺此殆其沴云　三十二年甲辰十一月初九日酉時地大震其聲如雷城郭廬舍多傾頹地有裂開丈許泥水溢出者踰月乃止　三十二年甲辰有年　三十八年己酉有年　三十九年庚戌有年　六月有大星尾若彗照地有光隕於南方六小星隨之其聲如雷　四十六年三月庚辰大雨雹　四十七年諸生陳文瑞葬父封土甫竣壙堆忽產靈芝一莖越年文瑞登第　四十八年三月二十一日卯刻天色忽晦有物從長泰之萬丈潭起大雨雹隨之其一經邑之海豐潯尾下崎馬巷至香山其一經秦嶺苧溪至西山食頃乃止雹大如盌擊斃人畜甚夥松柏皆去皮而枯

崇禎十二年元旦城南火　十三年正月初七夜雨豆扁而細或黑或黃民有掃之炊升者　十六年紅雨降於從順里西塘張玠家色如朱是年玠領鄉薦

淸順治十一年甲午十二月浚滅及五蘆山後忽地中有烟沖起其氣逼人三日不散泉湧如血人皆以爲異或曰此縣治龍脈所經也　十三年丙申正月十六日

大雪深尺許時馬總兵興役築城民苦寒
康熙元年壬寅大疫人見海中有人面魚立於波上見人笑而沒越明年遷界　三
年甲辰安柄有人晨起見巨蛇有角以角挂荔樹中偃反如鞦韆狀驚走未數日
而蛟見大水壞廬舍漂人畜無算　五年丙午有虎患小盈新塘大路行人多爲
所噬松田陳氏宅產靈芝是年陳睿思舉於鄉明年登第　五年丙午六年丁未
俱有年先是乙巳以前大歉老稚多流殍者忽東山石上微露字形曰天太平丙
午人不解其意至此有年乃知豐年之兆也　七年八月洪水漂壞人居禾苗漂
沒　十九年米騰貴每斗價六錢　二十年秋大旱禾盡稿　二十一年七月中
夜有大聲十餘各曳長尾其色慘淡從西南入於箕尾分野　三十四年有兩虎
鬭於三秀山顛俱斃　三十五年甘露降凝木末松柏尤多人爭採爲餳公車北
上者多以此爲贈遺　三十六年三月蟲生遍野食五穀　三十七年戊寅四月
廿八晚大雨如注諸山多崩夜深水漲數丈船挂樹梢橋梁衝壞西門城崩民居
漂沒數千家死者千餘人　四十六年六月十一夜洪水　蓮花山石裂如雷
四十八年八月初一日辰刻昏黑如夜人皆驚駭　四十九年庚寅大歉　五十

年六月地震棟宇幾傾七月又大震　五十二年夏大水

雍正二年甲辰八月五方埔陳氏宅產靈芝五莖紺色金圈是歲里人許琰盧家椿同領鄉薦至丙午原地復生光彩逾常越春許琰登第選庶常　六年戊申秋旱　十一年癸丑六月廿二日蛟見大雨如注雙溪水暴漲東溪尤甚死人從城堞流入廬舍漂沒無數橋梁傾圮甚多　十月浯洲歐壠湖中忽浮一小渚高四尺許闊丈餘長十餘丈形如鯉魚四旁水深洞不可測相傳萬歷間是湖鳴沸三日夜里人林釪生後釪登探花拜東閣大學士

乾隆元年丙辰九月初十日日如火有星自西方墜初青白色後變紅半時始滅　二年丁巳葫蘆山一帶地生珠如綠豆大邑令唐孝本夢有出珠之水可洗淤之句因鑿雙溪堤岸疏濬沙泥民賴其利　三年戊午九月虎頭山鳴兩日夜其聲如雷不數日鄉試榜發邑中獲雋者八人副二人邑之鄉榜是科最盛　六年辛酉從順里西浦村有靈芝一莖紫色金圈產於籬中是歲里人陳應瑞登賢書人謂其名有先兆云　歲荒總兵林君陞發米接濟　七年春大旱邑令李芬禱雨不得乃縛生牡豬像旱魃斬之大雨立至明曾異撰詩有祈雨燒猳豬之句蓋古

有是法後人師其事亦時驗云　八年秋有海豚二自泗洲港溯溪流二十餘里
至東莊潭止一浮一沉謂之拜風蓋颶將起則現　十一年三月黑蟲食麥岳口
一帶蔓延十餘里邑令張荃督民捕之計數給賞三日內獲蟲三十餘石終未能
盡乃偕同城各官禱於義娘廟是日天大雷雹以風夜半大雨如注達旦蟲無遺
種是歲麥大熟　十三年六月十五日東門外劉天眷宅產芝草長五寸旁一小
芽五色絢爛有金線繞之八月二十五日仁德里苧溪琁琳院前產芝草一幹九
莖圍可尺許　十四年三月初十日琁琳院復茁芝一本九月又一本皆在原處
十六年辛未春大雪是歲五穀豐稔　十七年七月初七夜大風初八日大水
各澳港艤泊大小船有衝陸地者連抱大木俱拔漂壞廬舍無數　十八年大疫
十九年四月十八日大水五峯西源一帶溪多浮尸閏四月初六日復大水學
署幾淹　二十二年蟲食苗歲大歉　二十五年五月大水壞田廬　三十五年
六月大水　三十六年正月初六夜西驛保火災延燒店屋五百餘間　三十八
年大有年　三十九年春旱　四十五年六月廿八日大水　四十六年春旱五
月十八日大水歲歉　五十二年歲旱大歉　五十三歲大疫米騰貴　五十五

年六月大水　五十七年感化里五峯灣內一帶禾苗變葱不能結實歲歉　五十八年禾苗復變葱　五十九年八月大水壞田廬　六十年三月四月米騰貴五月每斗價八百文民多流殍六月旱稻大豐米價平減

嘉慶四年四月初十夜蛟見大雨如注雙溪水暴漲幾浸城版至十一日巳刻水始退壞廬舍漂人畜無數橋梁多圮百歲老人所未嘗覩云　十六年夏地震越日地生黑毛長寸許類豬鬃　二十四年夏大雨雹

道光六年十二月歲荒准開海禁　十二月八月風災　十二月饑斗米八百文

咸豐元年九月水災　三年斗米七百文

同治元年夏五月地震　三年饑　九年金門大旱饑民掘草根煮乾葉以食餓殍載道鼓岡湖涸

光緒十七年辛卯十二月初一旱大雪遍地色白如綿嚴寒澈骨　十八年壬辰十一月廿八日大雪廿九旱仍雨雪霏霏如綿絮地上如鋪白氈坑澗皆平俗呼爲棉花雪問之八十老翁均以爲不經見云　二十年甲午六月蛟見狀如牛大耳由瑤山西洋而來大水爲災城圮西橋亦壞人屋漂沒無數　二十一年乙未大

疫鼠先死染者或頤項或結核吐血流行甚盛　二十八年大雨水災廬舍傾沒無數　三十一年三月彗星見於東方長約三丈許是年旱　三十三年三月東方見彗星是年割臺灣與日　三十四年十月十二日觀音石墜是年大兵臨鄉焚刼　全年地震三十二次是年清太后及光緒薨

宣統三年正月元日大雷雨　馬巷三府衙樹羣鳥飛去不復集是年衙廢民安里后邊社伯府泉涸

民國元年正月初九日大雨雹狀如石卵由埔尾至路嶺白帆嶺屋舍均毀五谷草木皆損壞是歲積善里祥露鄉產靈芝數十莖　五年四月一日鴻漸山陰崩一角　六年正月初三地大震海潮退而復漲魚船多遭沒　七月廿六日怪風暴雨爲災大木斯拔墻屋傾圮居民有被壓者　沿海輪船皆破壞舟人溺沒無數是夜狂風吹面頗熱越早巷屬大樹葉如被火　南同山間有野獸狀似犬略高頸有鬣尾甚長齒銳毛灰白色或黑色每出結隊能以兩足行其走甚速每嚙七八歲女孩俱挖心而棄其屍被留斃命者頗多　七年正月初三日地大震　七月初五寨山崩丈餘　八年蔣峯有小山磧見地小震　十年南同一帶山脈發

現猛獸數十頭似虎非虎額毛白如馬鬣於晝間結隊橫行山野日南西則入鄉傷人採樵者多被齧雞鳴羅列械呼喊從不畏避巷屬內頭黃山前古店前宅小崗山蔗下鼇背溪埔等鄉被噬計三十餘人莫知何獸（許宗宣採）

十三年甲子二月初六日雨三日似含硫磺之質水面及沈澱皆有之二十日再雨三日亦如之識者以爲兵災之兆

（清）萬友正纂修

# 【乾隆】馬巷廳志

清光緒十九年（1893）黄家鼎校補刻本

## 祥災

休徵咎徵洪範言之詳矣依古以來史不絕書蓋爲恐懼脩省之一助焉祥以志瑞異以示警幾之先見其旨甚微敬而承之災可爲祥即此一隅足以培多福詎必慱言徵應哉志祥災

元

至正二十六年七月丙辰大雷雨三秀山崩

明

嘉靖三十七年三月十二日大雨雹鴻漸山石墜自

五月至十一月大荒疫

四十四年三月二十七日疾風雷雨方未時忽昏如夜咫尺不辨行人阻駭至申晝乃稍開霽

萬歷二十五年丁酉正月大雨雹三月初十日又雨雹大者如鷄卵破瓦傷稼澚頭沿海一帶尤甚又有黑雲一片如簸箕大自縣中出南城而去所過屋瓦俱動至劉五店尤甚

三十一年癸卯八月初五日颶風大作潮湧數丈沿海民居埭田漂沒甚衆船有泊於庭院者洒洲幾

爲巨浸蓮水石棵漂折二十餘丈是日漳泉販呂

宋數萬人駢首爲番僧所殺此殆其沴云

四十七年三月二十一日卯刻天色忽晦有物從長

泰之萬丈潭起大雨雹隨之其一經邑之海豐潯

尾下崎馬巷至香山其一經豪嶺苧溪至西山食

頃乃止雹大如盌擊斃人畜甚夥松栢皆去皮而

枯

國朝

康熙元年壬寅大饑人見海中有人面魚立於波上

見人笑而沒越明年遷界

十一年十月浯洲歐壠湖中忽浮一小渚高四尺許濶丈餘長十餘丈形如鯉魚四旁水深洞不可測相傳萬歷間是湖鳴沸三日夜里人林釬生後釬登探花拜東閣大學士

乾隆八年秋有海豚二自浯洲港溯溪流二十餘里至東莊潭止一浮一沉謂之拜風蓋颶將起則現

十七年七月初七夜大風初八夜大水各灣港艤泊大小船有衝至陸地者連抱大木俱拔漂壞民

居無數

三十五年四月大帽山鳴

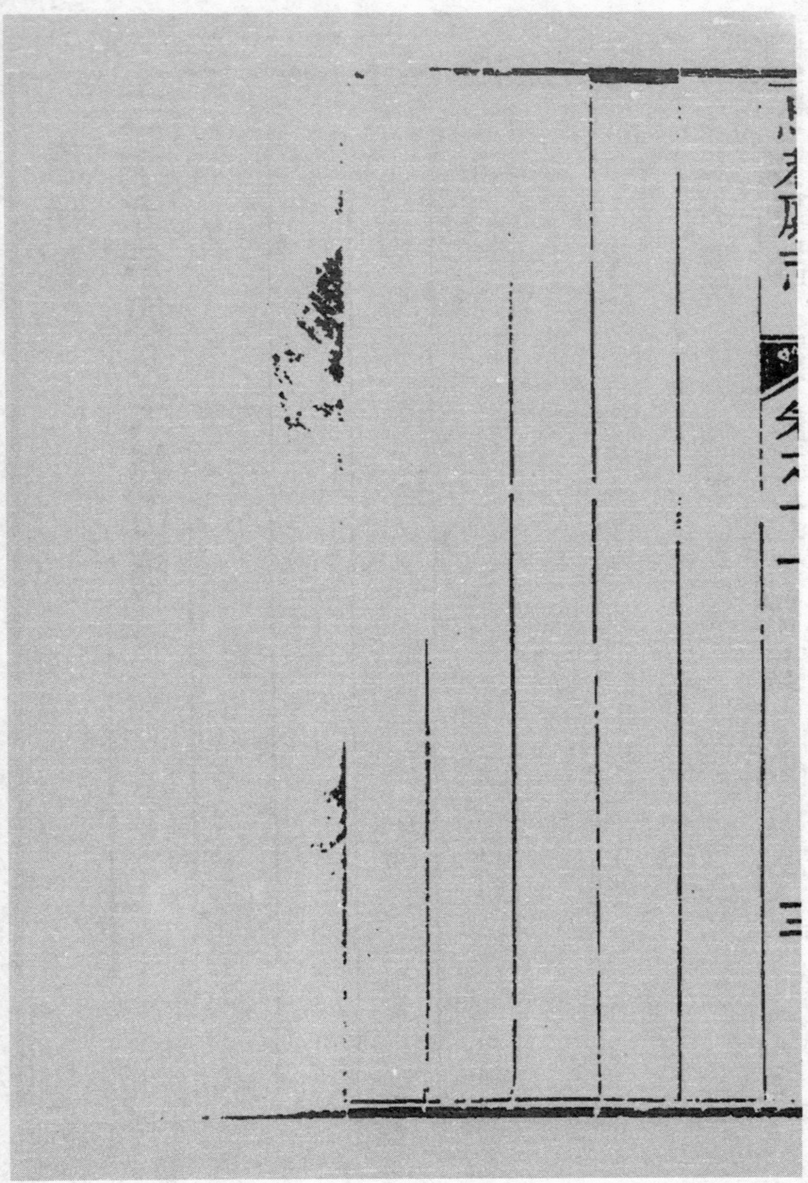

# 【康熙】建寧府志

（清）張琦修　（清）鄒山、蔡登龍纂

清康熙三十二年（1693）刻本

[illegible]

漸逵識

[illegible]體也。義取勸懲，事貴掌故，是以君子采焉。何取於雜？宇宙大矣，靡所不有。建州晉宋以來千有年間，其人與事，有能使人法、使人戒、使人愚而中，使人以方外之意銷其名利，又能佐安老之抵掌，而嘆承平之不易也。槩諸勸懲學故之間，安得曰歸餘於是？不然，春秋於星隕石變災祲之屬，何詳哉其言之也？峴山之碑延

陵之表何以至今千載也竺乾在下亦猶是訓在在室何以至今不刪也採丸亦白何以備叢之世然則拾遺者何因其人之不可湮滅而事爲是傳者人亦曰可以興可以觀云耳物相雜曰文其文則史是備史之一體矣志雜志



## 雜志一

### 災祥

大康八年十二月癸卯雷電大雨

唐

大曆二年水災

貞元十二年大水

嗣聖九年蝗

建中二年建陽建忠里孝子劉常廬墓產芝二莖一莖長尺二寸一莖長尺一寸如鷄冠形紫色扣之作金石聲

崇太里孝子熊袞父亡不能葬天雨錢三日

唐末建陽縣山有雙松連理又有雙竹產於輿下

出威懷廟外樹柯中。邑人因呼其地曰盖竹。八方言與怪同音。疑所謂盖竹。當爲怪竹也。舊郡志所載。不著年月。姑存之。

宋

淳化三年。十一月。建安軍城西火。燔民舍官廨殆盡。

至道二年。七月。大水漲溢入州城。壞倉庫民舍萬餘區。

天聖三年。春二月。一日崇安縣大風雷雨。武夷五曲石堂陷爲潭。

天聖四年六月丁亥大水詔賜被災家米二石溺
死者棺瘞之
寶元元年自正月雨至四月溪水大漲入州城壞
民廬舍溺死者甚衆賜死傷家錢有差無主者
官葬祭之
至和五年三月崇安縣嘉禾一本九十莖
治平四年秋地震
熙寧元年八月大雷雨州民楊緯所居之西有黄
龍見

政和四年八月州境竹生米數十萬石
紹興元年十二月大雪深數尺查源洞寇張海作
亂民避入山多凍死戊申海寇浦城焚五百家
二年二月庚寅朔大風雨雹仆屋殺人三月癸酉
大風雨雹如桃李實平地盈尺壞廬舍五千餘
家禾麻蔬菜皆損五月戊申水
乾道四年六月旱
五年七月丁巳瑞應場大際山棗等山暴水湧出
漂民廬舍溺水者甚衆

淳熙四年五月庚子大雨三日漂民舍數千

十五年水圮民廬

慶元六年五月庚午大水五日漂民廬害田稼

嘉泰二年七月水害苗稼丙午建安縣民軍廬舍漂沒百二十餘丁未山崩壓民廬七十七家

嘉定十一年旱

十七年五月大水沒平橋入城

淳祐十二年六月大水浸城漂民舍死者甚衆

景定元年建陽縣嘉禾生一本十五穗改建陽縣

爲嘉禾縣。

元

後至元元年饑。甲申

至正二年秋，浦城縣民家豕生豚二尾八足。

十一年十一月，浦城縣雨黑子如稗實。

十九年四月巳丑，有星隧於營山前，其聲如雷，化

爲石。

明

永樂十四年七月望，大水入城，壞城郭，漂屋舍民

溺死者甚衆 丙申
成化三年六月幾望地震
八月既望松溪縣雨雹
十六年九月壬戌暮有火星自西北奔流東北其
色赤其形長其尾如炸其聲如雷數刻始沒
十九年五月戊戌浦城連日驟雨庚子西南鴈塔
等六里山水泛溢高三丈餘山崩地拆漂民舍
一百三十餘家壞橋梁十三砂淤民田三十八
頃有奇溺死者四十八人

二十一年夏至雨山水驟溢建安甌寧建陽三縣鄉市民舍多壞瀕溪聚落屋舍蕩壞尤甚人畜溺死 季

正德元年正月朔正北天裂紅光濶二丈長數十丈有頃光滅自下而上若捲席然建陽松溪崇安志同是年崇安縣饑二年大饑丙寅

十六年壽寧縣夜半地震房屋劃然有聲

嘉靖七年四月望壽寧縣龍過徑復升降尋雨雹人畜屋瓦皆害

十三年四月十三日建陽松溪大水

三十年五月十日松溪大水翼日建陽大水

三十一年五月十一日郡城大水城中以舟行

三十九年八月崇安眚見自南來民家敲桃梆震金鼓禦之兩月始息

四十年春崇安縣鼠引羣自成渡溪夜宿於樹夏四月雨雹六月大雨雹鳥獸多擊死

隆慶二年夏六月崇安大風自東而南作學宮左右廡及城隍廟鐘樓並民舍秋七月雨雹如彈

萬曆元年八月十日郡城地震
十二年管門巷火巷隘火急民蹂踏死者三百餘
人
十五年二月十三日定安坊火延中和坊水街頭
民房數千間建甌二縣治西察院城隍廟淸軍
督糧理刑館俱燬
二十五年八月二十四夜建陽火焚朝天橋居民救
火死者二十三人
十六年六月建陽蝗

十七年八月望松溪縣火焚普濟橋延城南河棟

十七年建陽大旱夏四月不雨至秋七月

十八年六月初二夜郡政和門火延千餘家城樓

殿

十八年松溪縣大旱夏六月不雨至秋九月

二十三年三月十八日大雨雹大如鷄子小如棋

子響如彈丸民屋皆壞

二十八年二月初六夜建陽雨雹大者徑四寸許

二十八年八月二十三夜地震自東而西屋宇撼

動

三十一年五月二十一日浦城縣火延四百餘家

縣庫廨宇俱燼

三十二年十一月九日松溪壽寧同日地震

三十六年六月夜浦城大雷烈風擊尊經閣鰲尾

貫至屋柱惟柱楊四簇碑如故

三十七年五月二十四日夜洪水驟漲雨下如注

三晝夜舟從城梁上入城樓崩塌漂流通都橋

及城內外民居溺死男婦無算自威武門至迴

儀門城牆俱壞萬安洲演武場一帶地方淪沒殆盡兩縣治東西察院各舘署衙門一時俱圮東察院適巡撫御學聚駐節幾不免父老謂自永樂十四年以後水災是年最大陳寧知縣易應昌角巾素衣屏騶從行水撫循捐俸買米散給溺死恍藉應昌躬臨掩瘞八月七日壽寧大雷雨以風四晝夜水驟漲各山崩裂壓死男婦數百口壞田產不勝計　己酉

三十八年秋浦城演武亭邊禾熟未穫忽正午大

風。從田旋起。水珠五丈餘。盤旋周遭。上下數十畝。其色轉變不常。始白而綠。而紅、復成焰。久之乃滅。十月二十八日。大中寺前和義坊火。延民居。登科名宦碑坊俱燬。惟名儒梓里一坊。巋然獨存。

三十九年、六月。當午大風。通都橋頭敵樓崩。壓死男婦十餘人。巡按陶修祖。行縣賑恤。

萬曆四十一年、五月。崇安縣。霪雨。大水暴漲。城門堂廨鄉村巨浸。廬舍皆圮。人畜多死。浦城縣。木

漲近河各鄉新興五里房屋漂流人民淹溺田
地崩塌盡成溪壑

崇禎五年郡中火延燒民屋及甌寧縣學聖殿
明倫堂俱燬

八年壽寧縣竹生米歲無九年春遍山竹皆米形
如小麥值米貴民競採多者發糶每石價一兩
凡出竹米數千斛民賴以濟

九年大旱官發倉賑饑 歲次丙子

十六年郡大旱政和縣竹生米用療民饑

乙酉春正月八日寧遠門哭有武弁巡城詰守者言其狀遣人往政和門城墻皆哭如女子啼聲

乙酉夏倉前街魏家雞生四子狀皆異有生二頭者有頭生於腹下者有頭生於尾後者有生四足者

丙戌年正月天晝晦風須臾頳紫色大雪雹重至十餘斤延平以下皆然

丙戌年臨江門外火城樓燬建安西垻山崩壓民居數十區大中寺金剛首折府獄中神像出髮

長平寺虎自眞道門入城

國朝

順治四年甌寧縣梅岐里瑪瑙菴前桐枝化爲刀鈚形次日遍山皆然又五月大水

夏建安縣南才里鐵塲山崩甌寧縣江曆山崩近山田舍皆損

五年建甌二縣竹生米春禾根生穀四月大兵克城公署盡燬所遺婦女收之府學當事暫駐戟門判事一日判畢退忽斗拱煙發

聖殿自焚

六年荒米一石值五兩

七年建陽縣譙樓燬

九年甌寧縣吉陽里雌雞變爲雄生卵抱雛又松
樹生垂樹自死次年僧德容亂各鄉盡墟民避
寇入城者死無算

十一年三月夜大風雨雹驟有龍出府學井繞
聖殿破壁去明倫堂倒壞初井深七八丈次日
只四丈許

十二年荒米一石價如六年值民多饑死

十五年近郊多虎樵蘇絕迹知府謝祖悌募人捕虎其患方息

十八年五月雨黑子如稗實二十二日水越兩日水復大至政和門城崩數十丈西門城崩十餘丈衝通都橋人行屋上編扉作筏以渡四山崩潰如布皆血色自明萬曆己酉後復見此災城崩派民修民窮莫支忍於行都司址掘得大磚數十塊每塊約千餘斤城賴以修

十八年四月下黑子約十餘日久之有硫磺氣郡城內外數十里皆然

康熙二年三月。大風吹倒府川亭谷旗竿折。

二年。崇安縣大水城壞三處。共二十餘丈。自新嶺下至山坳。決去石路。三十餘里。橋七座。

四年。二月。十四日。徹夜大雨。次早人家水缸有霧成團。收之如硫磺末。焚之亦臭。

五年。九月。二十五日。寅時。地震。

二十五年。丙寅。春多大雨。至又四月二十八日。天色晴霽。忽於薄暮。東西二溪水大漲。翼日亭午水益大漲。淹沒甌寧儒學。軍糧二廳。及建安公

者一郡六門城墻倒壞不計民屋漂流倒壞者
千有餘區松溪浦城尤見洚洞總督部院王國
劄發銀三百兩賑濟被水難民
二十八年六月初七夜震雷擊碎甌學　聖殿西
楹大柱二樹并擊西棟鴟尾
二十九年四月二十四日雷火燒毀木南善見塔
三十二年二月二十三日善見塔成甫合尖震雷
擊死塔匠四人墜死者二人

# 【道光】建陽縣志

（清）梁輿、李再灝修
（清）江遠青等纂

抄本

賴繼隆偶建　以上皆舊志

禨祥　人瑞兵燹附

唐

大歷間建忠里孝子劉常廬墓墓前產芝二莖一長一尺有二寸一長一尺有一寸形如雞冠色紫叩之作金石聲　舊志

按舊志作建中二年今玫劉孝子傳刺史奏聞尚在建中元年故易之

唐末甘露降連理松生於時山　舊志

昭宗時熊尚書衮喪父貧不能葬晝夜號泣天

雨錢三日 舊志

宋

慶元六年三月朱子竹林精舍之東山有古木幹數圍為大風所拔朱子旋卒 夏六月溪驟漲考亭溪岸為洪濤捲去數百尺 傅姓修本

景定二年嘉禾生一本五穗詔改建陽為嘉禾縣 舊志

明

永樂十四年七月十六夜大水 城內外三坊官

雜類志四

房民舍漂流幾盡　舊志

成化三年地震　舊志

二十一年夏霪雨山水驟溢禾稼傷廬舍多壞人有溺死者　傳姓修本

正德元年正月朔天裂於正北方　有虹光濶二丈長數十丈自下席捲而上　舊志

十六年八月初一日午日食既星盡見鳥投林宿

嘉靖十三年四月十三日大水

三十年五月十一日大水　淹城郭舟入市中

四十一年四月月光相盪

萬歷五年九月二十七日彗星見於西　長竟天

月餘始滅

六年正月初六夜衆星流於西中一星大甚

是月復有星狀如日

十五年八月二十四夜朝天橋燬　救火死者二

十有三人

十六年六月蝗

十七年夏秋大旱自四月不雨至於七月　初永

安門外灘石上舊有鐫字云

是年水涸其字復見

十八年有虎害

二十二年飢　長埂村民搶米於市格殺二十有

二人

二十八年二月初六夜雨雹　大者徑四寸許屋

無全瓦童遊台山等處尤甚　以上皆舊志

八月二十三夜地震　自東而西屋宇動搖

闔書

三十七年大水　民居蕩五福橋盡圮　五福橋

在溪南橫達水東蓋縣治下游之關鑰也今

惟石址微存水激波掀竟如灘瀨 舊志

三十八年冬蚤夜突 舊志

國朝

順治七年譙樓燬 省志

九年五月福山寺井溢水流二十餘日

疫

十三年福山寺井溢

十八年大水 朝天拱辰二竹橋蕩 以上省舊

志

康熙七年崇化里書林山溪水忽豎立高丈餘

食頃乃如故 天蛙哉間
三十六年十月縣治燬 舊志
三十七年正月養濟院燬延及民居 六月拱
辰橋燬 八月福山寺燬
四十七年崇仁德里民施善友報一本雙穗嘉
禾共十六本 以上省舊志
按此後至乾隆十四年凡四十年俱無攷
相傳雍正間有兩日相盪一小而微黑
乾隆十五年七月初九夜大水 拱辰橋圮
二十五年六月二十三夜拱辰橋燬 近城數十

間尚存
三十二年六月二十四夜天水
三十　年縣治東廨燬
三十七年八月十一日 治前民舍燬凡百餘家
四十三年大旱
四十六年九月初九日朝天橋燬 是秋疫
秋冬大旱
四十八年二月初十夜雨雹大如卵屋瓦壞城
廟内外尤甚 五月二十一夜大水 自去秋
九月雨至於今六月 凡晴霽不滿五日 是年

水荒原隰多蕩

四十九年福山寺井溢　五月二十夜大水城內至筆巷口拱辰橋圯僅餘近城五數民廬半壞城圯二十之一

五十年四月初三夜有飛星狀如月自南而北所過處盡見紅光

五十一年六月十三夜大水麻汊橋圯溺死者百餘人　七月旱

五十六年春雨雹　地震　福山寺井溢　四月二十三日大水縣署譙樓下水高六尺城

圯十之二城廟內外官房民舍大壞惟福山寺下仙桂坊以高阜免其頻溪村落尤甚山多陷四鄉民田蕩為溪者不下數千畝　建陽水災此為最盛　自是逢霪雨或驟雨溪輒漲作紅色田多推蕩其不大壞者亦半成墝确大率適三五載輒復加甚越今四十餘年益蕩壞極矣總由茶山日闢田日受壞說詳輿地志風俗是年大荒

六十年四月初九日景蕭門佛郎機鳴

嘉慶二年夏六月西鄉天羅漈雨豆　凡五六十

里豆黰色味苦　八月二十四夜地震

三年春正月衆星縱横亂飛

四年夏秋大旱　九月十四夜月華見

五年秋旱　七月十四夜大風

七年夏秋旱唯麥有秋

十二年夏秋大旱

自乾隆十五年起俱本朱雲高祥異繩記雲

高童遊里人布衣

十六年七月彗星見於西北至十月始滅

十八年夏四月大風　樹多折者　六月大水　至筆

卷口　自五十六年而後頻年水灾或至城
垣脚下或入城逾數十步百餘步或一歲四
三次以數見不備書其故皆由於茶由日闢
說詳輿地志風俗

二十一年夏四月大水　至四街口

二十二年夏七月二十六夜童遊李指揮廟燬
李指揮廟俗名三聖廟

二十四年春三月十五夜雨雹有雨雷繼震是
夜雷聲格格狀如久鬱而不能遽伸餘音未
畢格格聲又從他處大震

雒縣志四

二十五年夏秋大旱溪水落永安門溪石鎮字見田塍盡坼裂自六月初旬遠近鄉民來祈雨者日數十村落鉦鼓喧闐蘿呼載道建陽旱災唯此為最七月初七日戌刻南門街災延燬數百家先是六月十三日南門布肆災旋撲滅自是城中不時火發是夕南門布肆復災烈焰四出南至城下東至關帝廟西至蘭魁坊北至繡衣坊凡燬民盧數百家由暮達旦光照數十里之外初五月十一日斷雨日漸酷熱畢方夜飛謠言蜂起人心惶

惑米值一時踴貴被灾夜邑人震慄有閩城
不保之危既而疑火疑盜訛言愈多城廂內
外居民戒嚴擊柝之聲不絕至七日十八日
雨二十七日天雨人心始安訛言漸熄 建
陽火灾唯此為最 是年早晚稻大荒自嘉慶
四年至二十四年雖頻遭水旱收成尚不大
歉米價亦不甚貴其早晚稻枯田多蕩壞收
成大歉米價昂貴寔自嘉慶二十五年始
米價之貴半由於糧田之歉半由於寮廠之
多而其源皆根於茶山之日闢也詐譁興地

志風格

道光元年夏四月旱

五年夏大旱

六年夏旱

九年夏四月五月大水　田多蕩壞均寧童遊三桂等里尤甚皆數百年未經水災者自是半成瘠壤六月旱前被蕩之田至是亦旱皆荼山邸之害也說詳輿地志風俗八月十三夜南風大作吹塌童遊橋屋十餘間　童遊橋即拱辰橋

十年夏秋大旱　是年旱晚稻大歉

十一年春正月癉　凡三晝夜燃燈後有青白氣蓊然橫斜民間髹器皆涔涔綴水如汗堂上扁額輒點點滴下如屋漏　三月雨雹　后山將口東田等處有大如盎者　五月十六日大水蕩童遊橋磉二塌橋尾二十餘間中亭一磉蕩四之三猶巋然卓立所奉大士像如故

十二年二月十九夜有大星自東流西　大星狀如巨盤後有數小星隨之所過處閃白光照地如月既過有聲如雷　秋七月旱至閏九月

徵雨十月乃大雨　時方重修童遊橋復於烏石灘設渡船至是溪水落始以烏石旁為步頭是年晚稻歉　菜畦及瓜果之類壞於旱者十之七八　九月白虹見　十二月大雨雪　凡八日　二十五日復大雪　十五日立春至是復大雪瓦上積六七寸　建陽向無連日大雪積雪多在夜分亦不甚厚　建陽大雪唯此為最

十三年春夏霪雨　西溪自嘉禾里至永忠里板橋皆塌田亦多壞　六月十二日崇政里山溪

大水 茶坊一路民田多蕩 十二月虹見 大

雨雪 略如去歲之冬

十四年二月十九日大雨雹食頃乃息復驟雨

先是十三四日驟暖而是日尤酷幾如大暑

薄暮狂風自西來大雨雹如萬礮齊發聲勢

洶湧大者如拳如盎如巉嵓石其尤大者或

長如枕或方正如甎或稱之二十有二觔平

地積厚五六寸自縣坊三桂里孝亭溪南水

東洋源等處下至白樣鋪計十里許數十村

屋瓦率成齏粉而西向棟宇尤甚其衣衾什

十六年夏麥有秋　四月霔雨　六月大旱至於秋九月　溪水落永安門外溪石鐫字復見灘益淺不通舟　舟子新濬一道詰屈由石罅稍深處下上　田率坼裂稻盡枯有千百年從無旱災之村如均亭里張坑等處亦鉦鼓喧闐赴城祈雨　視嘉慶二十五年大旱尤甚是年早晚稻甚歉　建陽晚稻率種水田嘉慶閒雖旱稻大歉之歲晚稻率如常惟道光十四年經水蝗災乃荒而是年尤甚其從無旱災者至是皆泥坼色白無半粒收　建陽大

三日霪雨至於三月中旬無半日霽間或大
如傾盆 霪定後復值連旬霪雨其苦更難盡
言 四月霪雨 五月米貴每石至銅錢十千
建陽食物向來昂貴至是尤甚 六月霪雨
田有蕩三次者而童遊里七姑塘以下均亭
里洋源以下尤壞其害皆根於茶山之日闢
說詳輿地志風俗 八月蝗 是年早晚稻大
歉
十五年夏四月霪雨 六月旱 是年早稻未
旱者視常年加豐或多收至十之五六

物皆淋漓如覆舟後得之撈取者然雹白
豎檐前石板點點有痕深二三分山上大木
皆枝折葉飛宿鳥盡斃脩屋時屋上瓦碎用
鍬鋤由檐推下如陡然坍塌聞之無不震慄
東門南門小東門小西門登高山下雨荒坪
積破瓦皆高大如阜洵千百年來有之異也
時建陽雹災唯此為最　運瓦南至延平之
南雅口東至浦城北至崇安唯西溪不通邵
武僅至禾平里而已　是日之雹附郭地方
惟童遊差小自橋頭已上民房皆無恙二十

荒惟此為最

附人瑞

明

萬曆間棠文里域村趙文旺守西源年一百歲

當事為聞於朝旌之

國朝

乾隆間泉州鄭起明居麻汊鎮年一百歲

乾隆二十七年崇仁德里赤岸謝必種妻呂氏

年一百有二歲聞於

朝給銀建坊旌曰貞壽之門

安平縣下

嘉慶二十五年嘉禾里柯慶文守永銘年一百
有三歲
嘉慶二十五年嘉禾里林中潘妻葛氏年一百
歲
道光四年興賢中里陳希聖妻李氏年一百有
二歲　互詳列女志

# 【民國】建陽縣志

姚有則、萬文衡等修　羅應辰纂

民國十八年（1929）新明印刷所鉛印本

唐

大曆間建忠里孝子劉常廬墓墓前產芝二莖 一長一尺有二寸一長一尺有一寸彩如鷄冠色紫叩之作金石聲舊志 按舊志作建中二年今考劉孝子傳刻史琰閲尚在建中元年故易之

唐末甘露降蓮理松生於時山 舊志

昭宗時熊尚書袞喪父貧不能葬晝夜號泣天雨錢三日 舊志

宋

慶元六年三月朱子竹林精舍之東山有古木幹數圍爲大風所拔朱子旋卒

夏六月溪驟漲考亭溪岸爲洪濤捲去數百尺 傳姓修本

嘉定二年嘉禾生一本五穗詔改建陽爲嘉禾縣 舊志

明

永樂十四年七月十六夜大水 城內外三坊官房民舍漂流殆盡 舊志

成化三年地震 舊志

二十一年夏霪雨山水驟溢 禾稼傷廬舍多壞人有溺死者 傳姓修本

正德元年正月朔天裂於正北方 有紅光闊二丈長數十丈自下盤旋而上 舊志

十六年八月初一日午日食既 星盡見鳥投林宿

嘉靖十三年四月十三日大水

三十年五月十一日大水 淹城郭舟入市中

四十一年四月日光相盪

萬曆五年九月廿七日彗星見於西 長竟天月餘始滅

六年正月初六夜衆星流於西中有一星大甚

是月復有星狀如日

十五年八月二十四夜朝天橋燬 救火死者二十有三人

十六年六月蝗

十七年夏秋大旱自四月不雨至於七月 初永安門外灘石上篆有鐫字云永樂間大旱至是年水涸其字復見

十八年有虎害

二十二年饑 長樂村民搶米於市格殺二十有二人

二十八年二月初六夜雨雹 大者徑四寸許屋無全瓦鎮遊府山等處尤甚

以上皆舊志

八月二十三夜地震 自東而西屋宇動搖 閩書

三十七年大水 民居蕩五福橋盡塌 五福橋在溪南橫遮水東盡縣治下游之關鎖也今惟石址微存水激波撤竟如灘瀨 舊志

三十八年冬至夜災 舊志



建陽新明印刷所代印

清

順治七年譙樓燬 舊志

九年五月福山寺井溢水流二十餘日　是年疫

十三年福山寺井溢

十八年大水 朝天拱辰二草橋潰 已上皆舊志

康熙七年崇化里書林山溪水忽豎立高丈餘食頃乃如故 天經或問

三十六年十月縣治燬 舊志

三十七年正月養濟院燬延及民居　六月拱辰橋燬　八月福山寺燬

四十七年崇仁德里民施善友報一本雙穗嘉禾共三十六本 以上皆舊志

按此後至乾隆十四年凡四十年俱無效相傳雍正間有兩日相盪一小而微黑

乾隆十五年七月初九夜大水 拱辰橋圮

二十五年六月廿三夜拱辰橋燬 近城數十間尙存

三十二年六月廿四夜大水

三十　年縣治東廨燬

三十七年八月十一日治前民舍燬凡百餘家

四十三年大旱

四十六年九月初九日朝天橋燬　是秋疫　秋冬大旱

四十八年二月初十夜雨雹 大如卵屋瓦壞城廟內外尤甚 五月二十一夜大水　自去秋九月雨至於今六月 凡晴霽不滿五日 是年水荒原隰多蕩

四十九年穲山寺井溢　五月二十夜大水 城內至羅非門拱辰橋圮僅存近城五墩民廬半壞城圮二十之一

五十年四月初三夜有飛星狀如月自南而北 所過路盡見紅光

五十一年六月十三夜大水 麻沙橋圮溺死者百餘人 七月旱

五十六年春雨雹 地震 福山寺井溢 四月二十三日大水（縣署儀門下水高六尺城圮十之二城廂內外官房民舍大壞惟福山寺下仙桂坊以高阜免其瀕溪村落尤甚山多陷四鄉民田蕩為溪者不下數千畝 建陽水災此為最盛 自是邊溪陷成聚雨溪輒溢作紅色田多推蕩其不大壞者亦半成塊磧大率逾三五載輒復加甚越今四十餘年統蕩壞極矣縣中崇山日闢田日受壞說詳輿地志風俗）是年大荒

六十年四月初九日獄廟門佛郎機鳴

嘉慶二年夏六月西鄉天羅瀑雨豆（凡五六十里豆青色味苦）八月二十四夜地震

三年春正月衆星縱橫亂飛

四年夏秋大旱 九月十四夜月華見

五年秋旱 七月十四夜大風

七年夏秋旱惟麥有秋

十二年夏秋大旱

自乾隆十五年起俱本朱賓高祥異編記賓高童遊里人布衣

十六年七月彗星見於西北至十月始滅

十八年夏四月大風 樹多折者 六月大水 至鮮巷口 自五十六年而後頻年水災或至城垣脚下或入城逾數十步百餘步或一歲四三次以數見不備書其故皆由於茶山日闢說詳輿地志風俗

二十一年夏四月大水 至西街口

二十二年夏七月二十六夜童遊李指揮廟燬 李指揮廟俗名三聖廟

二十四年春三月十五夜雨雹有兩雷繼震 是夜雷聲格格狀如久鬱而不能遠伸餘音未畢格格聲又從他處大發

二十五年夏秋大旱 溪水落永安門溪石鐫字見田塍盡拆裂 自六月初旬

遠近鄉民來祈雨者日數十村落鉦鼓喧闐讙呼載道　建陽旱災唯此爲最

七月初七日戌刻南門街災延燬數百家　先是六月十三日南門布肆災旋撲自是城中不時火發是夕南門布肆復災烈焰四出南至城下東至關帝廟西至蘭魁坊北至繡衣坊凡燬民廬數百家由暮達旦光照數十里之外初五月十一日斷雨漸臻熱旱方夜飛謠言繼起人心惶恐米值一時踴貴被災夜邑人洶懼有閩城不保之危既而疑火疑盜訛言愈多城廂內外居民戒嚴擊柝之聲不絕至七月十八日雨二十七日大雨人心始安訛言漸熄　建陽火災唯此爲最

是年旱晚稻大荒　自嘉慶四年至二十四年雖頻遭水旱收成尚不大歉米價亦不甚貴旱晚稻枯田多蕩壞收成大歉米價昂貴實由嘉慶二十五年始　米價之貴半由於糧田之歉半由於寮廠之多而其源皆根於茶山之日闢也詳說與地志風俗

道光元年夏四月旱

五年夏大旱

六年夏旱

九年夏四月五月大水 田多淹壞均亭黄遊三桂等里尤甚皆數百年未經水災者自是半成荒壞 六月旱 前被淹之田至是亦旱皆茶山貽之害也說詳輿地志風俗 八月十三夜南風大作 吹塌黄遊橋屋十餘間 黄遊橋即拱辰橋

十年夏秋大旱 是年早晚稻大歉

十一年春正月[癀] 凡三晝夜燃燈後有青白氣蓊然横斜民間棖器皆涔涔滴水如汗堂上匾額輒點滴下如屋漏 三月雨雹 后山將口東田等處有大如盆者 五月十六日大水 淹黄遊橋墩二塌橋屋二十餘間中亭一墩淹四之三猪婦然卓立所奉大士像如故

十二年二月十九夜有大星自東流西 大星狀如瓦甕後有數小星隨之所過



建甌新明印刷所代印

電閃白光照地如月既過有聲如雷 秋七月旱至閏九月微雨十月乃大雨 時方派修濟遊橋復於烏石灘設渡船至是溪水落始以烏石旁爲埠頭 是年晚稻歉 菜味及瓜果之類壞於旱者十之七八 九月白虹見 十二月大雨雪 凡八日 二十五日復大雪 十五日立春至是復大雪瓦上積六七寸 建陽向無連月大雪積雪多在夜分亦不甚厚 建陽大雪惟此爲最

十三年春夏霪雨 西溪自嘉禾里至永忠里板橋皆圮田亦多壞 六月十二日崇政里山溪大水 茶捕一路民田多蕩 十二月虹見 大雨雪 略如去歲之冬

十四年二月十九日大雨雹食頃乃息復驟雨 先是十三四日驟暖而是日尤酷熱如大暑薄暮狂風自西來大雨雹如飛礮齊發聲勢洶湧大者如拳如盌如鵝蛋石其尤大者或長如枕或方正如甎或稱之二十有二觔平地積厚五六寸自縣坊三桂里考亭溪南水東洋源等處下至自稜鋪計十里許

數十村屋瓦率成齏粉而西向棟宇尤甚其衣衾什物皆淋漓如覆舟後得之撈取者然西向窗欞櫥前石板點點有痕深二三分山上大木皆枝折葉飛宿鳥盡斃修屋時屋上瓦碎用鐵鋤由檐推下如陡然坍塌聞之無不震慄東門南門小東門小西門登高山下兩荒坪檐破瓦皆高大如卓洵千百年未有之異也時建陽皆災唯此爲最　運瓦南至延平之南雅口東至浦城北至崇安唯西溪不通邵武僅至禾平里而已　是日之雹附郭地方惟童遊差小自橋頭已上民房皆無恙　二十三日霪雨至於三月中旬無半日霽間或大如傾盆　雹災後復值連旬淫雨其苦更難盡言　四月霪雨　五月米貴　每石至銅錢十千　建陽食物向來昂貴至是尤甚　六月霪雨　田有淹三次者而童遊里七姑塘以下均亭里洋源以下尤壞其害皆根於茶山之日闢說詳輿地志風俗　八月蝗　是年早晚稻大歉

十五年夏四月霪雨　六月旱　是年早稻未旱者視常年加豐或多收至十

之五六

十六年夏麥有秋　四月霪雨　六月大旱至於秋九月　溪水落永安門外石鑴字復見灘益淺不通舟舟子斬溶一道詰屈由石罅稍深處下上田率坼裂稻盡枯有千百年從無旱災之村落如均亭張坑等處亦鉦鼓喧闐赴城祈雨視嘉慶二十五年大旱尤甚　是年早晚稻甚歉　建陽晚稻率種水田嘉慶間雖早稻大歉之歲晚稻率如常惟道光十四年經水蝗災乃荒而是年尤甚其從無旱災者至是皆泥坼色白無半粒收　建陽大荒唯此爲最

道光間蟜見三桂里塔潭中是日天晴午後有應試生童買舟過此波瀾湧起舟頭突見出一蟜首巨如大籮濃綠色目光閃爍舟人大駭須臾過舟尾風雨大作天地晦冥急維舟野岸避之逾時雨止天高日朗寂無所覩

道光十七年早晚稻大熟比常加倍豐收米價大賤每石值錢一千八百文

十九年九月有一日下午坊里烏石巖頂雲脚驟垂龍首見於雲中人多見之

方以為奇駭甚忽天昏黑風雨驟至移時晴明如故

二十九年春城内崇儒坊民家有舊黃豆粒粒現人面形眉目如畫無一相同月餘漸沒

咸豐七年五月髮軍陷城大街被燬上至北街陳家巷下至棋盤街保障

八年春欃槍星見　夏大水童遊橋驟圮二墩洪濤捲去二百餘人 時五月初五清節趁墟者絡繹不絕橋第三墩草橋四墩石橋忽陷被洪濤捲去二百餘人

五月髮軍陷城放火燬北門大街童遊蕎坊林等處亦被火延燒

同治二年夏大水冲塌童遊橋三墩

四年春大雨黴積半月平地高三寸許

五月初四日大水漲至童遊橋面適漂來大樹橫梗橋墩墩遂傾橋上數十人隨橋屋冲去幸均經救起 時米價大漲

六年二月齋匪入城縣署燬

光緒元年春二月崇政里茶坊街燬

光緒二年七月二十七日城內豐倉巷口即為石巷危聚和藥店失愼延燒東至縣署監獄牆南至棋盤街保障西至上西街魏寶誠總酒店邊北至北街獅子巷魏寶誠分酒店邊自辰時至未時火始熄回祿之禍魏獲免之亦云幸矣

七年七月初六夜后山火災延燬鋪屋二十餘家

八年五月夜有流星狀如月繞大環飛大放光明所過處隱隱如雷有聲城鄉皆見

九年大旱六十餘日知縣費蘊臣齋宿郊壇為民請命旋得甘霖是後田多豐米每石銀二圓

十二年七月十八日大水東南門水與檐齊西至小校場前井邊北至陳家巷內太保廟岐下及雙井巷斃千二石碑脚東北鄉民房牆垣傾圮無數是年

十二月東門劉咕奴紙燭店夜失慎延燒東南均至城邊西至西街北至大
街
十四年十月南門朝天橋燬
十八年五月西溪水漲嘉禾永忠崇泰各村市水深數尺或及丈夏亢旱秋稻
大歉中秋節後連旬大風
二十一年大水東自東門至縣衙坪西至西街北至城門邊三聖廟岐下是年
早　大熟晚　亦有秋
二十二年十二月廿七日西溪大水后山渡船覆溺死三十餘人
廿四年夏大風雨雹有大如碗者麥大損
十二月廿二日夜后山火災延燬鋪屋四十餘間上至街中保障下至清泰
坊溪巷
二十六年夏大水水勢浩蕩以城內水所到地測之比二十一年洪水僅淺一

尺旋亢旱秋稻歉冬雷震雷十二月連日大雪平地積盈尺（是後豐歉無常米價漸高）

廿七年五月大水夏旱旱稻歉冬震雷城內大東門失火燬及敵樓

廿八年正月雨雪浹旬夏麥熟秋旱稻豐晚稻歉中秋後啓明星不見正西一星尤巨

廿九年夏麥熟秋旱稻歉晚稻熟是年崇化里書林街內失火延燒店鋪房屋三百七十餘家

三十年夏麥歉秋旱稻歉晚稻豐

三十一年正二三四月啓明星不見六七月間天將曙有二啓明星一巨而亮一略小而隕麥有秋旱晚稻俱熟

三十二年春夏淫雨麥大歉閏四月城鄉人民鬧米荒秋旱稻熟晚稻稍歉八月後亢旱竹多生蟲九十月間城內西北隅火警數見

三十三年夏麥熟秋早稻歉晚稻豐

宣統二年夏麥熟秋早稻歉晚稻豐

民國

民國元年古歷十月溪山書院講堂燬　是年早晚稻俱熟

三年永忠里麻沙街連燬三次計店鋪三十餘間

四年南路興上里南槎唐科一帶山竹生蟲竹葉被蝕一光筍歉多廢

五年正月三十一日崇政里茶坊街燬燒店肆三十餘間　是年早晚稻俱熟

古歷十一月崇雒上街失火延燒店屋四十餘間十二月火燬鋪屋三家是

年山鄉野猪甚多早晚稻歉收

六年古歷二月十一夜地震是年山多崩早稻熟晚稻歉

七年古歷正月初三日未時地震一分鐘牆屋動搖凡屬金木磁器觸之成聲

一邑皆然數百年來所罕聞三月大雨雹民房棟瓦被碎毀者無數



建陽晉明印刷所代印

八年興下里范墩嶺布廠前山崩土飛揚數十丈外一野老在田奔逃不及被土壓斃

九年夏麥歉秋晚稻大歉

十年夏六月大旱冬十月稻大豐稔民國成立連年歉收是年大豐熟

十二年夏旱晚稻歉收

十四年夏五六間無雨山又無泉農方苦旱米值漸漲每斗小洋七角至六月廿五六日始雨且連降霪霖米值驟落民始不憂

詹宣猷修　蔡振堅等纂

# 【民國】建甌縣志

民國十八年(1929)芝新印刷所鉛印本

災祥附

晉建武二年有異鳥來集形如水犢子是年大水

大康八年十二月癸卯雷電大雨

陳天康二年五月甲午東冶鑄鐵有物赤色大如升自天墜鎔所有聲隆隆如雷飛出牆外燒人家



建甌芝新印刷所代印

唐大曆二月水災

貞元十二年大水

嗣聖九年蝗

宋淳化三年十二月城西火燔民舍官廨殆盡

至道二年七月大水漲溢壞倉庫民舍萬餘區

天聖四年六月大水詔賜被災家米二石死者棺瘞之

寶元元年自正月雨至四月溪漲入城壞民廬舍溺死甚衆詔賜死

傷家錢有差其無主者官葬祭之

治平三年秋地震

熙甯元年八月大雷雨州民楊緯所居之西有黃龍見下獲一木如

龍而形未全具九月大雷雨復有龍飛其下及霽有木龍尾爪皆具合舊木宛然一體明年繪圖以進

大觀四年連理木生

政和四年連理木生八月竹生米數萬石

紹興元年十二月大雪深數尺查源洞寇張海作亂民避入山多凍死

二年二月庚寅朔大風雨雹仆屋殺人三月癸酉大風雨雹如桃李實平地盈尺壞廬舍五千餘區禾麻蔬果皆損

十四年大水冒城而入俄頃深數丈公私廬舍盡壞溺死數千人詔監司躬往賑濟務使實惠及民毋爲具文

乾道四年夏六月旱
淳熙四年大雨漂民屋數千
十五年水圮民廬
慶元六年五月庚午大水五日漂民廬舍禾稼
嘉泰二年七月水害禾稼丙午大水漂沒公私廬舍百二十餘區丁
未山圮壓民廬七十七家
嘉定十一年旱
十七年大水沒平政橋
淳祐十二年六月大水浸城漂民舍死者甚衆
元至正十九年四月己丑星墜於鶯山前其聲如雷化爲石

明永樂十四年七月望大水壞城垣廬舍溺死者甚衆

成化三年夏六月地震

十六年九月壬戌暮有大星自西北奔流東北其色赤其形長其尾如炸其聲如雷數刻而沒

十九年二月甲子夜火燔軍民廬舍百六十三家

二十一年夏至雨山水驟溢民舍多壞瀕溪尤甚

正德元年正月朔正北天裂有紅光闊二丈長數十尺有頃光滅自下而上若捲席然是年饑

十二年九月壬午火燔民舍五百餘家

三十一年五月十一日大水城中以舟行



建甌益新印刷所代印

三十五年四月大水

隆慶十三年營門巷火巷隘火急蹂躪死者三百餘人

萬曆元年秋八月地震

十五年三月十三日定安坊火延燒民房數千間建安甌甯縣署西察院城隍廟清軍督糧理刑館俱燬

十八年六月初二日政和門火延燒千餘家城數燬

二十一日大風自卯至辰吹折東門北門二樓拔木壞屋不可勝數

二十三年三月十八日大雨雹大如鷄子樹如彈丸民房皆壞

二十八年八月二十三夜地震自東而西屋宇搖動

三十七年三月日有黑祲四面圍繞至四月方沒五月二十四日夜

洪水驟漲大雨三晝夜舟從城上入通都橋及城內外居民溺死無數自威武門至通仙門城垣俱毀兩縣署東西察院各館署衙門一時俱圯東察院適巡撫徐學聚駐節幾不免甌甯知縣易應昌角巾素衣屏騶從行水撫循捐俸買米散給並瘞淹死者

三十八年十月二十八日大中寺前租義坊火延燒民屋數千家登科名宦牌坊俱燬惟名儒梓里一坊獨存

三十九年六月大風通都橋敵樓圯壓死男婦十餘人巡按陸修祖行縣賑恤

崇禎五年火延燒民屋及甌甯縣學文廟明倫堂俱燬

十六年大旱

十七年正月壬辰常遠門哭有武弁巡城詰守者言狀遣人往偵之政和門城牆皆哭如女子啼聲夏倉前街魏家雞生四子狀皆異有二頭者有頭生於腹下者有頭生於尾後者有生四足者

十八年正月乙卯天晝晦風須臾頳紫色大雹重至十餘斤臨江門外火城樓燬建安西墒山崩壓民居數十區大中寺金剛頭折府獄中神像出鬚長半寸虎自常遠門入城

順治四年夏南才里鐵場山崩近山田舍皆損梅岐里瑪瑙庵前桐樹化為刀劍等形遍山皆然西鄉里江歷山崩壓傷三十餘人

五年竹生米春不根生穀四月清兵克城公署盡燬所遺婦女收之府學當事暫駐戟門判事一日判畢退忽斗拱煙發學殿自焚

六年荒米一石值銀五兩

七年譙樓火

九年吉陽里雄雞變爲雌生卵抱雛又松樹生蟲樹自死次年修德

容亂各鄉盡墟民避寇入城死無算

十年大疫

十一年三月夜大風雨雹場蓆有龍出府學井中破壁去明倫堂倒

塌初井深七八丈次日只四丈許冬大疫火燬鼓樓鋪獄及民居數

百家

十二年山寇張建焚掠南雅口是年荒米一石價如六年值民多饑

死

五月大水建安南才里鐵場山圯甌甯江曆山圯近山田舍皆損竹生米春禾根生穀

十五年近郊多虎樵蘇絕迹知府謝祖悌募捕其患方息

十八年四月雨黑子十餘日焚之有硫磺氣郡城內外數十里皆然五月復雨黑子如稗實二十二日大水越二日水復大至政和門圯十餘丈衢通都橋人行屋上編扉作筏以渡四山傾潰如布皆血色城圯派民修民窮莫辦忽於行都司址掘得大磚數十坎每坎約千餘塊城賴以修六月朔大寒霜降苧葉盡白初四日雨雪初六日月同見天中

康熙二年三月大風府署川亭吹倒旗竿皆折

四年春二月辛未夜大雨人家水缸有錫成團收之如硫磺末焚之臭

五年九月二十五日寅地震

二十五年春大雨至閏四月二十八日蒲吝東西三溪水漲翌日亭午大漲淹沒甌甯儒學軍糧二廳及建安縣署六門城垣民舍壞者千餘區知縣鄧其文始涖任加意撫循設法修築總督王國安發賑銀三百兩

二十八年六月初七日夜雷震擊碎甌學文廟西楹大柱二樹並擊西鱗尾

二十九年四月二十四日雷火燒燬水南善見塔高陽及麻溪各里

大疫

三十二年善見塔成甫合尖雷震擊死塔匠四人墜死者二人

三十五年夏旱黃竹生米民取食之

四十三年五月淫雨大水水漲城垣衝決數丈米價騰貴有司發糶

倉穀民情始安

五十年九月十一夜地震

雍正元年六月十八日巳刻雷擊府學文廟殿脊

乾隆四十九年大水漂沒公私廬舍四千餘家溺死者無算

道光元年七八月大疫

光緒十三年七月十八日大水至大市街老佛閣口漂流廬舍四園

無算
二十五年十二月大雪
二十六年六月初一日大水水冒城郭舟從雉堞入城內東南一帶盡澤國漂沒民舍三千餘家溺死數十人知府玉貴發義倉粟賑之
三十一年七月十八日晚府前街頭火延燒官民廬舍二千餘家府署及縣署頭門皆燬知府賀康鑾後垣逃出二十日下後街復火延燒二百餘家
三十四年五月東屯鄉火延燒民屋三百餘家
民國三年大疫鼠死無算人受疫氣輒發核是年城內及南路各鄉死數千人至有一家十餘口數日內全數斃者自是以後傳染東西

北各路遍及山谷死者萬餘人至今城鄉四時皆有之

民國七年正月初三大地震

民國八年正月初二大雪

民國十五年春松樹蟲食葉皆盡六月大旱米每石貴至二十元

# 【民國】重修崇安縣志

洪簡、詹繼良修纂

稿本謄清本

重修崇安縣志卷之三

## 大事志

金陵新志創通紀以誌大事光澤志橫列時事而爲表其義一也邑舊志未置大事一門茲從志中各門搜采以紀一邑因革興罷之大者與夫災祥饑穰寇警之事提其要而書之譬若網之在綱輻之聚轂也昔呂東萊取司馬年表編年系月記春秋後事王褘因作大事紀續編皆與正史並傳志乘亦一方之史顧可畧此不書哉纂大事志第三

唐睿宗朝

垂拱四年新豐鄉人彭漢詣闕上書請改鎮就新豐鄉立溫嶺鎮置官領之 據舊志建置人物

五代晉出帝朝

天福間鎮人彭瑫仕南唐請置場以溫嶺鎮改為崇安場 據舊志建置人物

宋太宗朝

淳化五年陞崇安場為縣屬建寧軍 據舊志建置

至道間始建縣署 據舊志公署

真宗朝

咸平元年析建陽之上下梅等六里入崇安據建陽志。

仁宗朝

天聖二年二月朔大風雷雨武夷石堂寺陷爲潭據舊志災祥

康定間知縣事趙抃疏濬兩溪上流陳家灣水爲渠貫城引溉南坂及新陽坂據舊志水利名宦

至和間嘉禾生一本九十莖據舊志災祥

神宗朝

元豐五年復析建陽之從政籍溪等七里入崇安據

建陽志

哲宗朝

紹聖二年知縣事王當建學於營嶺之右據舊志學

校職官

徽宗朝

宣和間知縣事翁谷團練鄉兵立塞險隘以控扼漸

寇據舊志職官

## 南宋高宗朝

建炎三年叛將苗傅程政等由浦遁崇竄武夷南鄉中本路提刑司將領詹懷設計縛傅政送南劍州轉解韓世忠營據舊志人物參放通志外紀

四年七月建州范汝爲作亂知州事劉子翼移寓崇安據建寧府志

紹興六年知縣事蔡傳素重建縣署擴大規模據舊志公署

十一年知縣事陳淑嘉始分城隅坊名建坊別之據

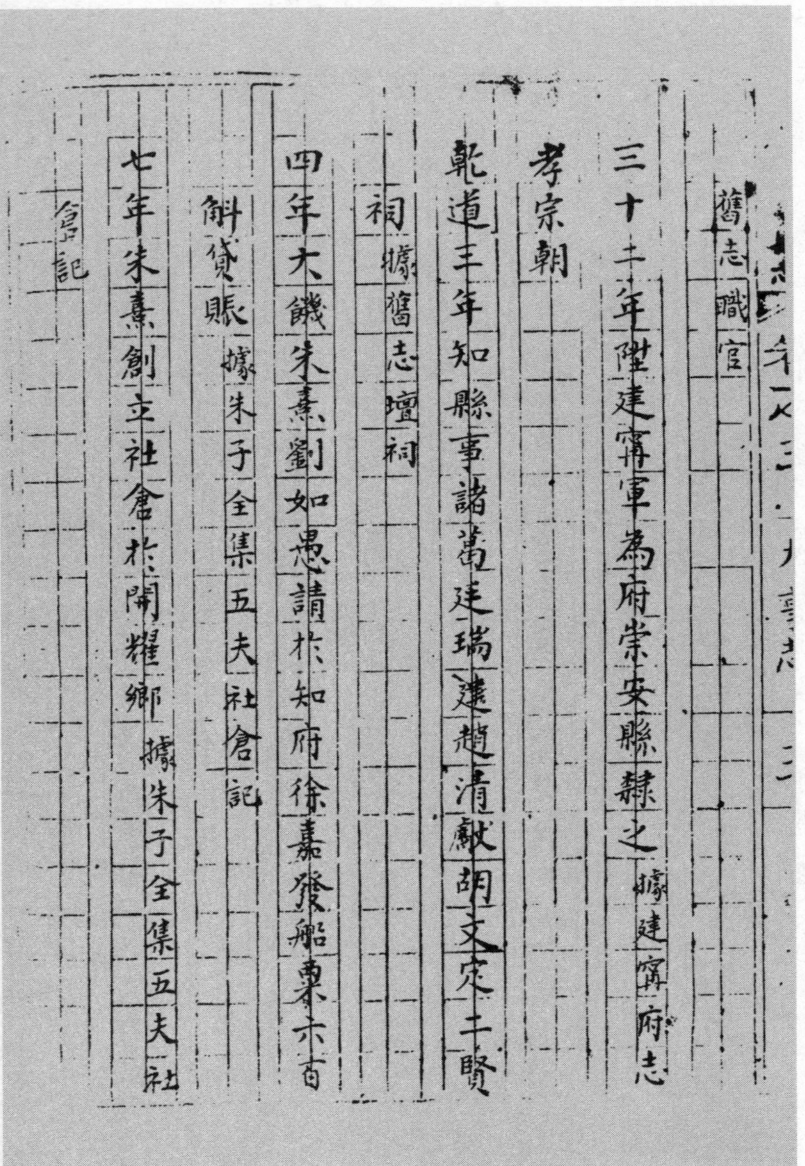

舊志職官

三十二年陞建寧軍為府崇安縣隸之 據建寧府志

孝宗朝

乾道三年知縣事諸葛廷瑞建趙清獻胡文定十賢祠 據舊志壇祠

四年大饑朱熹劉如愚請於知府徐嘉發船粟六百斛貸賑 據朱子全集五夫社倉記

七年朱熹創立社倉於開耀鄉 據朱子全集五夫社倉記

淳熙二年蔡元定築西山精舍與雲谷對峙往來講學 據蔡氏九儒書

七年知縣事趙彥繩重修學宮籍東山白雲鳳林聖歷四廢寺田產充學田 據舊志學校名宦

十年朱熹構精舍於武夷五曲 據舊志學校

寧宗朝

嘉定元年縣圃芝草生池蓮雙花並蒂大有秋 據舊志名宦

嘉定中知縣事傅壅於東北折流作隄 今名傅公隄 捍衛

民居據舊志城池

嘉定間知縣事趙必𢡟始建繼賢橋於南郊據舊志

津梁

理宗朝

寶慶間詔封朱熹徽國公據舊志理學

端平間知縣事章端子始建北門濟川橋據舊志津

梁

淳祐初詔朱熹從祀聖廟據舊志理學

二年勅建屏山書院於五夫里據劉氏家乘

五年知縣事陳樵子建社稷壇於西郊據舊志壇祠

景定十年知縣事林天瑞增建武夷精舍古心堂說

山長據舊志學校

景定間知縣事劉漢傳重建濟川橋東名廣福據舊

志津梁

度宗朝

咸淳元年知縣事劉漢傳重建大成殿易立教堂為

明倫堂據舊志學校

元世祖朝

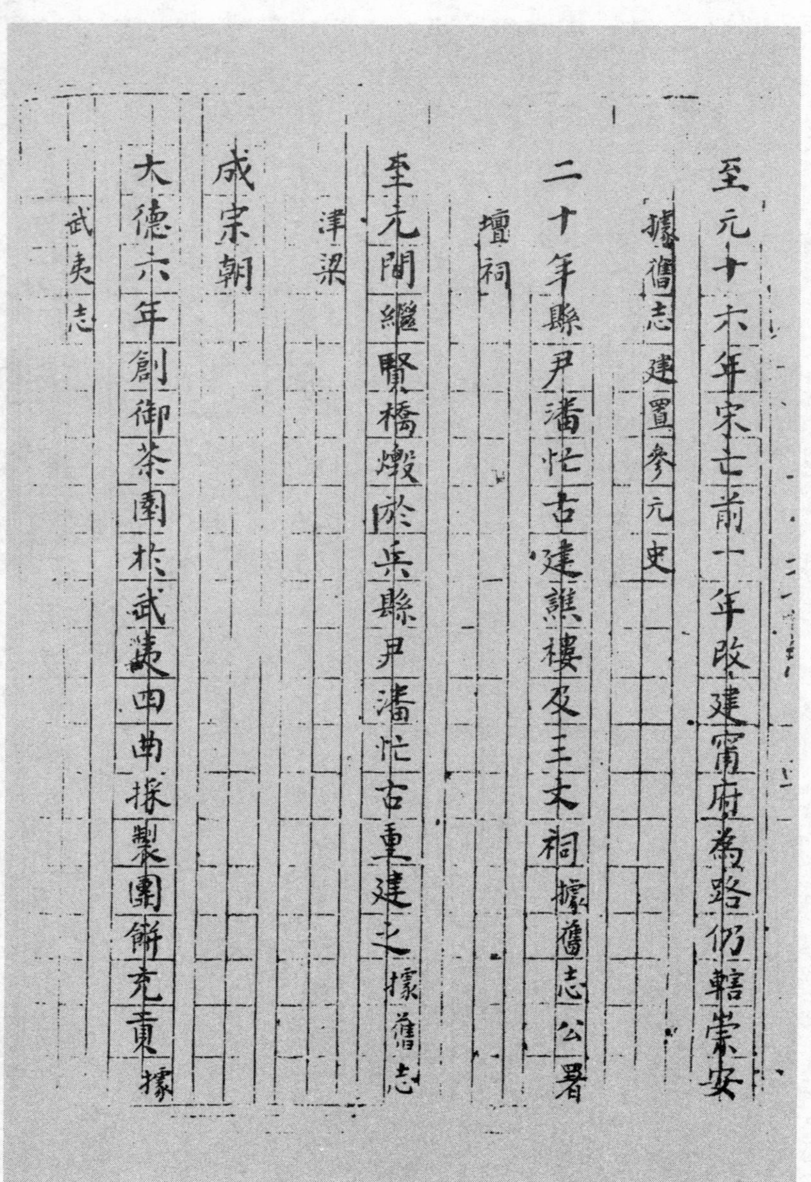
至元十六年宋亡前一年改建甯府爲路仍轄崇安
據舊志建置參元史
二十年縣尹潘忙古建譙樓及王文祠據舊志公署
壇祠
至元間繼賢橋燬於兵縣尹潘忙古重建之據舊志
津梁
成宗朝
大德六年創御茶園於武夷四曲採製團餅充貢據
武夷志

武宗朝

至大二年秋七月洪水衝溢傳公隄壞溺居民無算

達魯花赤完者秃復修砌之繼賢橋圯據舊志城池灾祥

仁宗朝

延祐間大饑人相食邑人江志毀家賑粥就食者千餘人據舊志人物

英宗朝

至治二年縣尹劉沆祖字濬川設陳家灣陂石閘以

時啟閘民呼為濟川閘 據舊志水利

泰定帝朝

泰定元年縣尹彭好古設惠民藥局并平糴倉 據舊志名宦

順宗朝

至元二年縣尹鄒伯顏以粮額多寡均役士民困始甦 據舊志名宦

六年縣尹吳世顯立常平倉 據舊志名宦

至正三年縣尹吳世修重建繼賢橋 據舊志津梁

十年鉛山寇周良犯閩縣尹彭庭堅率兵禦之據舊
志名宦
十四年草寇驟動五夫等處縣尹任德用率兵討平
之據舊志名宦
二十五年學宮燬於兵武夷精舍同時被毁據舊志
學校
至正間陳友定兵亂縣尹孔楷戰死之
明太祖朝
洪武元年將軍沐英復鉛山入崇安縣兵至夾水陳

友定戰不利死之據鉛山志

是年復改建寧路爲府仍轄崇安據舊志建置

四年知縣徐德新重建學宮據舊志學校

八年設遞運所二處據舊志公署

九年知縣夏德彰移建社稷壇於興賢坊據舊志壇

祠

十三年知縣邵文昂建譙樓據舊志公署

十四年設河泊所據舊志公署

成祖朝

永樂十三年秋七月大水縣庫壁兩廊吏舍盡圮衝

壞民屋無數據舊志災祥

永渠閘創修縣志據舊志原敘

宣宗朝

宣德十年建游文肅公祠據舊志壇祠

英宗朝

正統十年開採桐木關銀礦據舊志城池門關寨註

十三年即武夷精舍舊址建朱文公祠據舊志學校

憲宗朝

成化三年地震據舊志災祥

是年詔追封蔡沉崇安伯據蔡氏九儒書

十七年知縣余衍重建繼賢橋更名青雲據舊志津梁

十八年知縣余衍重建廣福橋更名福星據舊志津梁

武宗朝

正德元年元旦正北天裂紅光濶二丈長數十丈有頃而滅自下而上如席捲據舊志災祥

是年饑據舊志災祥

二年大饑據舊志災祥

五年罷採礦封閉礦山據舊志城池門關塞註

十年知縣王和重葺武夷朱文公祠置田百畝為祀產據舊志學校

十六年秋八月朔午刻日蝕星象盡見禽鳥棲宿據舊志災祥

正德間節推馬公敬始築城為門四東朝宗南阜民西瑞成北拱極據舊志城池

世宗朝

嘉靖元年裁撤河泊所據舊志公署

二年大水青雲橋圮據舊志災祥

四年知縣潘勖設社學於四門據舊志宦績

九年詔蔡元定從祀啓賢祠蔡沉從祀聖廟據蔡氏九儒書

十年僉憲張儉創建崇賢書院於西郊據舊志學校

十一年火燒民屋數百家據舊志災祥

十四年兵憲王庭遷學宫瑩嶺麓南向據舊志學校

二十七年裁税課局歸縣 據舊志公署

三十一年少参丁以忠改學宮東向 據舊志學校

三十六年罷武夷團餅貢茶 據武夷志

四十年春有羣鼠自城渡江夜宿於樹夏四月雨雹六月大雨雹小者如彈大者如卵大樹摧折鳥獸多擊死秋八月叛卒袁三黄鳳自信州斬關入崇大肆焚掠殺民無筭城垣中書倉及青雲橋盡燬 據舊志災祥公署津梁

穆宗朝

隆慶元年裁革遞運所據舊志公署

二年夏六月猛風拔樹圮屋學宫西廡明倫堂本廊城隍廟鐘鼓樓俱仆七月雨雹大如彈據舊志學校災祥

三年春三月淫雨不止據舊志災祥

是年知縣余乾貞就布政分司廢署地址建中盈倉據舊志公署

續修縣志據舊志原叙

四年知縣余乾貞改築城於白華山麓廣袤千丈闢

四城門東賓日（今曰朝宗）南問津（今曰景陽）西慶平北拱極

水門東南三曰鹽埠曰集賢曰毓秀東北一曰木

平田埂頭 據舊志城池

神宗朝

萬曆十七年黄嘉賓翁懋勳從祀鄉賢 據舊志人物

三十五年知縣虞大復置裴村公館 據舊志公署

三十七年知縣虞大復重建蔡丈節祠定春秋仲丁

致祭 據蔡氏九儒書

四十年知縣虞大復改建學宫於宋舊址 據舊志學

校

四十一年大水據舊志災祥

熹宗朝

天啟元年知縣呂光洵余乾貞入祀名宦據舊志宦

績

三年縣丞萬大成入祀名宦據舊志宦績

懷宗朝

崇禎五年知縣鄭之祥遷建學宮於北門牛氏巷北

向據舊志學校

十三年黃應朋從祀鄉賢據舊志人物

崇禎間知縣紫世埏移建青雲橋於毓秀門外據舊志津梁

清
清世祖朝

順治[illegible]年八月王師入仙霞關定閩崇安奉檄歸命見本邑雍正癸丑志第六卷內附註兼參光澤志

三年設駐防左營遊擊據雍正癸丑邑志武職

五年設西南北三門

七年減鹽引一千引入建甌陽浦四縣認銷據舊志

田賦

九年妖賊陳德容等作亂陷城據縣治八閱月千總

宰調鉉克復之據舊志災祥宦績

十年大疫據通志

十五年虎入北門據舊志災祥

是年知縣韓士望修城據舊志城池

十七年大風武夷朱文公祠盡圮知縣韓士望重建

崇賢書院於西門內據舊志學校

聖祖朝

康熙元年設分水關巡檢司 據舊志職官

是年署縣事嚴雲官修大成殿 據舊志學校

二年大水城崩推蕩山坳等處田二百餘頃橋七座 據舊志災祥

是年城崩署縣嚴雲官遊擊張光煞重修之 據舊志城池

四年原報荒蕪田地奉文蠲免錢粮七千二百餘兩 據舊志田賦

五年清丈田畝 據舊志田賦

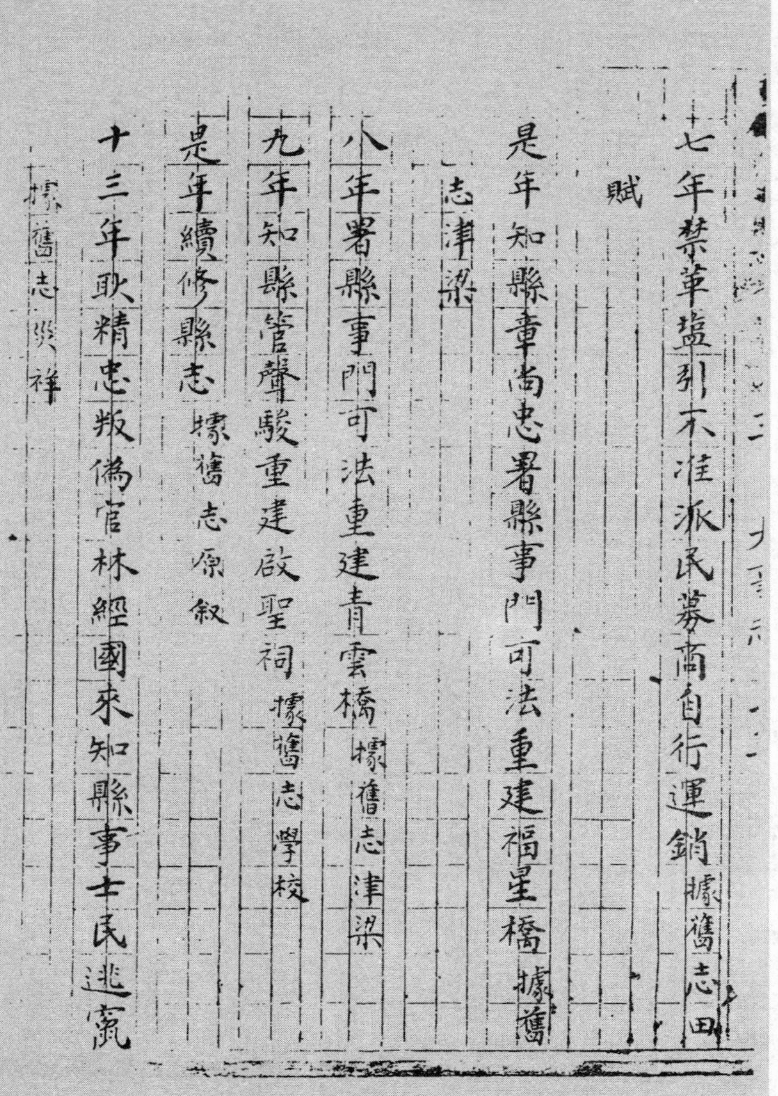
十七年禁革鹽引不准派民募商自行運銷據舊志田賦
是年知縣章尚忠署縣事門可法重建福星橋據舊志津梁
八年署縣事門可法重建青雲橋據舊志津梁
九年知縣管聲駿重建啟聖祠據舊志學校
是年續修縣志據舊志原敘
十三年耿精忠叛偽官林經國來知縣事士民逃竄
據舊志災祥

十四年江揚仔楊一豹嘯聚作亂遊擊韓六合統率
鄉兵防禦之據舊志官績
十六年大赦錢糧據舊志災祥
十七年洪水漂蕩田土無算據舊志災祥
是年續報荒蕪蠲免田粮二千一百餘兩據舊志田
賦
十八年江西賊首呂貴蘇亮率衆犯崇岑陽山坳一
帶紮立木寨左營遊擊李英調集官兵鄉勇分路
進剿殺賊七百人焚燒水城及蓬蓮寨二十餘座斬

偽將謝瓚等並搜獲偽印餘黨遠遁據福建通
志官績
十九年江楊諸逆亂平據鉛山志
二十七年火災延燒譙樓知縣楊雲鵾重建之據舊
志公署
三十二年大有年據舊志災祥
是年巡鹽監察御史具題添派鹽額一百引據舊志
田賦
三十四年順昌奸民王巖泉倡亂白塔山麓知縣孔

興璉率鄉兵破獲艱之餘黨奔散據舊志宦績

三十八年裁大安驛據舊志公署

三十九年大有年秋八月熊入城兵以礮斃之據舊志災祥

四十三年知縣王梓捐修譙樓建武廟據舊志公署壇祠

四十四年縣署池蓮並蒂數見知縣王梓作記表瑞據舊志公署

四十五年御書匾額頒賜宋儒一蔡元定紫陽羽翼

一蔡沉學闡圖疇一胡安國霜松雪柏 據蔡氏九
儒書

四十七年知縣王梓捐廉重新蔡文節祠 據蔡氏九
儒書

四十八年火災自前街後街延及横街營嶺燼民屋
數百間 據舊志災祥

是年知縣王梓重建中區倉 據舊志公署

五十一年詔朱熹升配大成殿十哲之次 據舊志理
學

五十二年知縣梅建鶴改建學宫於今所東面又重
建中區倉據舊志學校公署
五十三年洪水城崩橋毁田園漂蕩百餘畝董柏暘
谷石雄等處尤甚據舊志災祥
五十六年知縣陸廷燦改建繼賢橋於南郊工竣匾
曰永寧據舊志津梁
世宗朝
雍正元年旱災知縣吴驥減價發糶積穀據舊志職
官

是年總督覺羅滿保題請革鹽商設行官買官賣據舊志田賦

潘錦從祀鄉賢據舊志人物

三年奉文建忠義孝弟祠及節孝祠據舊志壇祠

是年多虎患傷人至百餘口據舊志災祥

撫院毛題請停官運招商認課行鹽定崇額一百七十篷該銷一千七百引民食不敷據舊志田賦

知縣陳同善建先農壇於東郊據舊志壇祠

民大饑發倉賑之據舊志災祥

五年奉旨永不加賦據舊志田賦

是年鹽荒知縣吳缺名詳請增加鹽額據舊志田賦

七年奉文設正音書院即以崇賢書院為之據舊志學校

九年裁長平興田驛丞據舊志公署

十年重修縣志據舊志原叙

是年夏星村火燼百餘家據舊志災祥

十二年左營游擊改屬建寧鎮轄添設千總一員據舊志兵制

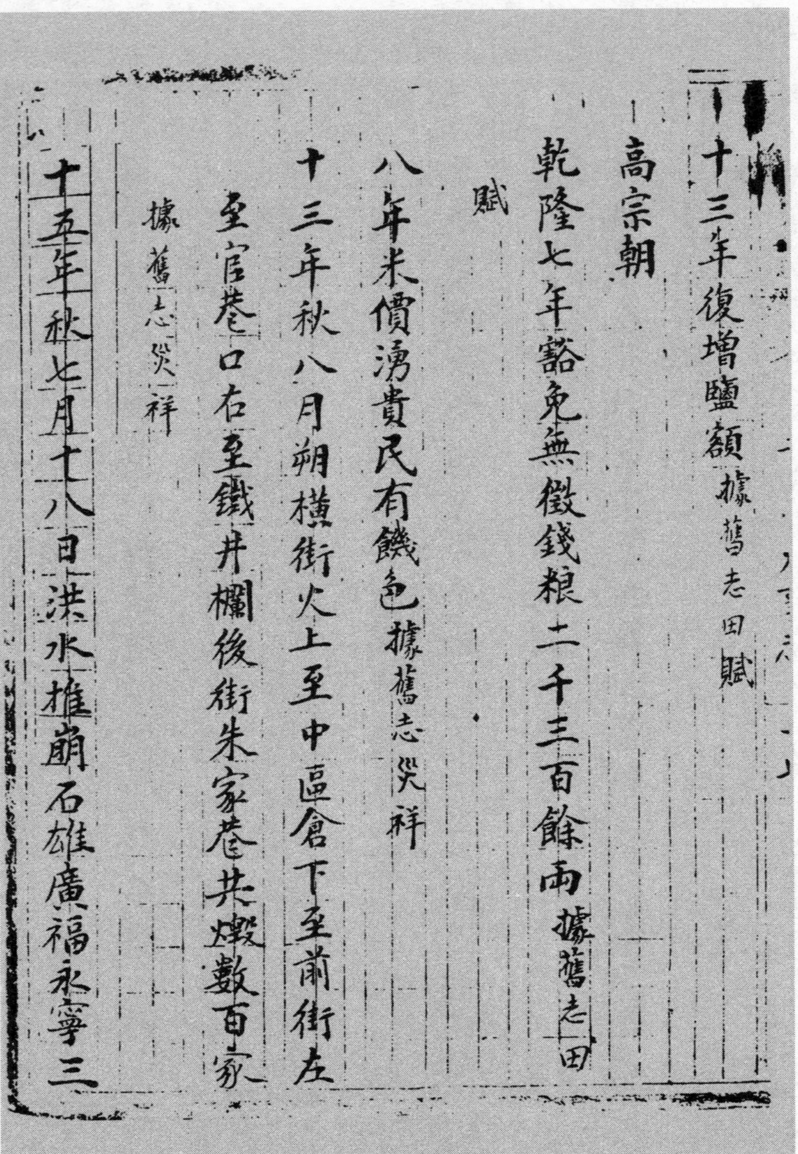

十三年復增鹽額據舊志田賦

高宗朝

乾隆七年豁免無徵錢粮二千三百餘兩據舊志田賦

八年米價湧貴民有饑色據舊志災祥

十三年秋八月朔横街火上至中區倉下至前街左至官巷口右至鐵井欄後街朱家巷共燬數百家據舊志災祥

十五年秋七月十七八日洪水推崩石雄廣福永寧三

橋水湧入東峯街數戶河邊居民多溺死據舊志災祥

十七年知縣毛大周重修城垣據舊志城池

是年秋虎夜入城搏豕食之據舊志災祥

十九年知縣李佽建景賢書院於營嶺據舊志學校

是年邑紳彭宙訓獨建鹽埠門外浮橋據舊志津梁

二十年大水鹽埠門外浮橋漂沒據舊志津梁

二十八年知縣王吉士建設教諭著於明倫堂後據舊志學校

三十一年夏五月雷雨大作雨雹如卵有二白鶴飛入虞家據舊志災祥

是年奉文巡檢移駐五夫里據舊志職官

三十二年奉文縣丞移駐星村據舊志公署

三十四年知縣宋瑞金修東城譙樓併各城垛二十餘丈據舊志城池

是年秋八月慧星自南斗下垂如龍吐水有金砂聲至九月方沒據舊志災祥

四十七年元旦南門火店屋燬者百餘間據舊志災

祥

四十九年夏六月二十九日四境同日洪水泛濫秋

八月星如月者十餘自北逝南據舊志災祥

五十一年元旦火毓秀門延燒至南門據舊志災祥

五十二年勦辦臺匪林爽文大兵過境據舊志城池

（關案註）

五十三年正月初二日災毓秀門至道姑巷被燬據

舊志災祥

五十五年秋七月十四日大晴分水關精高巖石縫

內洪水湧出山崩地陷上中下篷店至黄連坑底

舍蕩然無存據舊志災祥

五十六年五月十二日曹墩大水暴至衝壞田園廬

舍人多溺死據舊志災祥

六十年建文昌祠據舊志壇祠

仁宗朝

嘉慶元年夏大旱六月梅溪村火據舊志災祥

三年冬十月二十九日戌時衆星交流如接據舊志

五年春三月朔火燬前街至小水門 據舊志災祥

是年董事朱斌等重建永寧橋更名屛南 據舊志津梁

七年夏大旱知縣胡嘉言爲壇南關外禱雨七日甘霖大沛 據舊志災祥

八年秋八月赤石街火 據舊志災祥

十三年夏四月十三日石雄里大風雨雹拔橋屋木有死者秋七月七日橫城街火延燒縣前後街下至鐵井欄上至營嶺學宮明倫堂崇賢書院俱燬

據舊志災祥

十三年續修縣志據舊志原叙

十七年夏六月西鄉蝗虫爲災據古佛傳

宣宗朝

道光八年公建北郊德星橋據採訪册

十三年秋鹽價翔貴道路不通閉關十餘日據採訪册

十四年夏霪雨連月不止據採訪册

十五年夏旱不雨者七旬禾盡枯槁米價甚貴據古

十六年大饑米石銀七兩知縣王益謙親歷富户勸

糶並牒鄰省禁遏糴 據鄭獻甫撰王大令傳

二十五年黃土街火延燒百餘間 據採訪册

文宗朝

咸豐三年粵賊陷金陵奉文辦聯甲開局團練修理

關隘 據採訪册

七年三月十六日粵賊王國宗由江西入分水關陷

城佔據十日始退 據採訪册

是年奸民葉猪仔食不了等勾合贛州暴徒數百聚

嘯洪山五夫洋源聯首張光煦密約各聯同於四月二十八日攻破巢穴匪患悉平 據連城璧撰張光煦傳

八年二月十六日粵匪楊儀清楊輔清由鉛山襲岑陽關偵知崇北有備即於十八日從小徑越繞雙亭隘直撲浦城四月初旬知縣莫自逸繞帶官兵鄉勇三千餘人駐守黎口浦城西鄉聯首請援遂紮路後街進兵援浦左營游擊王興棠遁外委劉忠李薄彩門樓力戰被執不屈死赴援鄉兵陣亡數

百名六月賊棄浦城大股竄崇安城陷知縣莫自

逸死之賊據城散擾北鄉等村聯董李肇青李聯

丁發賊多名南鄉星村民舍及大橋頭被賊焚燬

各村落遭擄掠者無算據採訪冊兼參浦城志

九年紅巾賊由鄰境擾澄潭街據採訪冊

十年公建旌忠莫公專祠據專祠石刻

十一年奉文蠲免以前無征錢糧據採訪冊兼參光

澤志

穆宗朝

同治元年六月二十六日西北鄉洪水暴漲大餘漂蕩田廬無數田行村屋因水傾壓斃命數十據採訪冊

五年二月齋匪老三由贛來崇在北鄉山坳煽誘愚民陳奴奴楊維忠等聚衆揭竿襲城知縣申其昌為賊所殺游擊臧全宗投水死旋提督黃少春率軍至紿賊入嵐谷殲之匪遂平據採訪冊

六年十二月地震據採訪冊

十一年春公建左營游擊長將軍祠據祠匾

是年五月初旬横街火延燒至後街口據採訪册

德宗朝

光緒元年三月大嶺頭災延燒民房學宫俱燼據採訪册

四年知縣陽成章暨邑紳萬方焜等新建學宫據採訪册

是年柘溪洪水衝壞橋梁田畝無算據採訪册

十年七月明倫堂燬於火十月火焚横城街十二月十三夜黌谷街延燒店屋四十餘間據採訪册

十二年七月十六日大水自北門至東門一帶民舍漂蕩無遺南西北三鄉田廬橋路衝没不可勝數據採訪册

是年十二月哥老會作亂知縣陳銑全游擊孫東軒襲擊之匪首蕭青雲伏誅餘黨悉平據採訪册

十三年邑紳朱敬熙母萬氏獨建垂裕餘慶雙橋於城南上洲據採訪册

十五年二月南門外火焚數十家據採訪册

十七年十月北鄉坪洋頭全村被火僅餘五家據採

訪册

十八年詔游酢從祀聖廟 據游氏家乘

是年十月北鄉裏壠火鬪村俱燼 據採訪册

十九年冬東鄉五夫街奶娘廟以下延燒店屋數十家 據採訪册

二十年知縣張翥新建治署 據縣署碑記

是年夏米荒民有饑色 據採訪册

九月北鄉大渾火焚四十餘家 據採訪册

二十一年知縣江起鳳改建營嶺舊署爲考棚 據採

訪冊

是年秋外良墩闔村被火據採訪冊

二十二年三月後街火災據採訪冊

二十三年北鄉培壜村被火僅餘三家據採訪冊

二十五年大旱南門閉城三日北鄉當坑闔村燬於火冬十二月初大雪浹旬山中積雪深三四尺壓樹壞屋據採訪冊

二十六年六月北鄉陳屯溪州地方被水漂蕩成河餘各村田盡多被衝壞山崩數處據採訪冊

二十七年南門頭災焚數十家十月十四夜北鄉麻壢村火延燒數十家據採訪冊

是年五月初五日吳屯里灶垇下村被水漂蕩成河丘太玉虹橋亦圮於水田畝多被衝壞據採訪冊

二十八年知縣王國瑞改建考棚爲學校據學校碑記

是年五月初五日柘溪大水星渚石橋衝塌將黃臺周三里田廬漂沒無數據採訪冊

二十九年太渾街火由石板橋燒至翁家巷口據採

訪册

三十年八月蝗虫食竹葉盡枯十二月北鄉太平全

村被火 據採訪册

三十三年縣教育會成立 據檔卷

三十四年奉文設立商務分會農務分會 據檔卷

宣統帝朝

宣統元年城鄉設立自治會十九處 據採訪册檔卷

是年東鄉溪頭山崩水湧十餘家民屋盡成沙洲據

採訪册

二年勸學所成立 據檔卷

是年三月五夫文昌閣觀音堂燬於火四月本城光化寺内古佛三將軍像俱焚寺宇如故 據採訪册

三年二月天雨血 據採訪册

是年九月閩省光復洪希黎矯稱督札繳縣印清知縣曾光禧去任公舉邑紳朱敬熙權監縣事維持治安旋奉延建邵司令徐宣撫馮呈都督府即任朱敬熙暫理崇安縣知事 據採訪册

中華民國

民國元年奉文蠲免清宣統二年以前無征錢糧據採訪冊

是年臨時縣議會成立據採訪冊

二年奉文停辦城鄉自治會據檔卷

是年四月米價翔貴北鄉饑民數千蜂擁縣署要求知事潘紀雲出示平糶據採訪冊

八月星村延燒百餘家洋石坑村亦被火災據採訪冊

管帶賴金勝隊官楊鍾祥因江西兵事會同西鄉紳

十一修繕分水關防禦之據採訪册

四年奉文設立保衛團全縣分七團五十市保據檔案

五年四月十日大晴忽分水關山水暴漲衝壞橋梁田園無數據採訪册

六年重修崇安縣志八月設局據呈報公牘

是年奉文撤銷保衛團據檔卷

十二月初七日東鄉杜畬火焚數十家據採訪册

七年正月初三日地震南鄉洋墩等處山多崩裂地

鄉吳屯火災據採訪冊

八年正月初六日地震五月五日南鄉馮上地方田水暴漲衝塌田數百畝據採訪冊

夏四月建陽馬墩土匪擾及崇南黎源等村經黎源董西澄游各聯董報告星村民團暨建陽警兵聯丁協勦直擣賊巢當斃匪十名餘盡散據採訪冊

十年五月十四日北鄉岑陽關等處山崩蛟發洪水漂蕩田廬無數嵐谷被災尤甚知事池源瀚會同委員孫昌勳勘報水災奉文發賑災黎據採訪冊

# 【民國】崇安縣新志

劉超然等修　鄭豐稔等纂

民國三十一年(1942)崇安縣志委員會鉛印本

# 崇安縣新志第一卷

## 大事

方志之大事猶史書之本紀本紀繫一朝之政綱大事撮全書之典要其事尤相類也然尚書洪範之傳漢書五行[illegible]以故大事之篇雜以災異修省之說恍以天人一者感召之徵示儆之切事無大於此者此實時代爲之非古人之智[illegible]日昌向之所謂災異今皆不足爲異故本篇所紀皆一邑興革之大者屬人事也至尋常天變（如日食隕星地震之類）照曆而不[illegible]違天道也但變而至於成災與足供測候家學理之研究者不在此例





東南合作印刷廠印

## 漢

武帝

祀武夷君用乾魚

史記封禪書本文之上有古者二字是武夷之有祀當在漢代之前以上言者見於是時姑以武帝系之

## 唐

玄宗

天寶七年遣登仕郎顏行之封武夷山禁樵採(董天工武夷山志)

僖宗

乾符五年寃句賊黃巢犯建陽指揮使李材及其弟彌槐死之

## 南唐

保大九年以溫嶺鎮爲崇安場

初王閩時邑人彭漢請以新豐鄉爲溫嶺鎮至是又從彭蹯之請改溫嶺鎮爲崇安場

## 宋

太祖

建隆元年春正月周殿前都點檢趙匡胤即皇帝位國號宋

太宗

淳化五年陞崇安場爲崇安縣隸建州

至道間始建縣署

眞宗

咸平元年析建陽上梅下梅爲仙居鄉名鄉崇鄉六里入崇安

大中祥符四年秋七月除身丁錢

仁宗

天聖三年二月朔大風雷雨

武夷五曲石堂寺陷爲潭

慶曆初清獻河成

知縣趙抃鑿陂南岸築渠引水鑿石壘入旋達南郊溉田數千畝作溢清獻邑人謂之清獻河

神宗

熙寧二年行新法

時朝廷用王安石設制置三司條例司青苗均輸保甲免役市易保馬方田諸役次第施行（王文濡通鑑輯覽）

四年定科舉法專以經義論策試士

初宋承唐制以詩賦試士至是從安石之言改用經義策論此卽明清八股文之濫觴也八年頒安石三經新義於學官一時學者無敢不傳習主司純用以取士先儒傳註一切廢而不用元祐二年始禁用之三經者詩書周禮也（通鑑輯覽）

元豐五年復析建陽之五夫從政籍溪崇泰豐陽節和叉本鄉七里入崇安

哲宗

紹聖二年知縣王當建學宮於營嶺之右

徽宗

崇寧二年邑人彭路特科狀元及第

政和中徵處士江贄不赴詔立少微坊以旌之

宣和元年睦寇方臘擾浙中本縣戒嚴

欽宗

靖康二年春正月河東制置使邑人劉韐殉義於金軍

高宗

建炎三年邑人詹標執叛將苗傅送韓世忠軍

初標從統制苗傅劉正彥作亂兵逼浦城爲韓世忠所敗其黨張逵收餘兵入崇安統制官喬仲福追殺之傅與愛將程政變姓名匿武夷南村中標執之以獻（宋史苗傅本傳舊志）

四年七月甌寧寇范汝爲陷建州知州事劉子翼移治崇安

汝爲因鬭傷人至死遂作亂衆數萬十二月降紹興元年十月復叛衆十餘萬二年宣撫副使韓世忠討平之（福建通志建甌縣志）

紹興元年春正月福路都統制邑人吳玠與弟璘擊金烏珠於和尚原大敗之（通鑑輯覽）

同年奸民廖公昭熊志寧作亂

公昭尋爲范汝爲所破遂降志寧故汝爲所置提轄官至是率射士與建陽丁朝佐合執武尉解濯拘之陷建陽崇安（福建通志）

二年六月頒戒石銘於州縣

以黃庭堅所書戒石銘頒於州縣令刻石文曰爾俸爾祿民膏民脂下民易虐上天難欺（畢沅續資治通鑑）

三年三月吳玠與璘與金烏珠戰於仙人關大敗之（續資治通鑑）

六年知縣蘇傅奏置建縣署

八年邑人胡安國進春秋傳旋卒賜諡文定（通鑑輯覽）

九年四川宣撫使吳玠卒贈少師賜錢三十萬（宋史本傳）

十三年朱熹奉其母居崇安受學於劉子翬劉勉之胡憲之門（王懋竑朱子年譜）

孝宗

隆興元年邑人翁德與特科狀元及第

乾道三年知縣諸葛廷瑞[illegible]公胡文定公祠　五月陝西河東路宣撫招討使新安郡王吳璘卒贈太師追封信王（宋史本傳）

七月大水朱熹奉檄巡視水災（朱子年譜）

四年[illegible]浦城人情大震　飢朱熹劉如愚請粟於大府以賑之（朱子年譜）

七年朱熹設社倉於五夫里開耀鄉（朱子年譜）
八年冬十二月詔下朱熹社倉法於諸路（續資治通鑑）
淳熙二年四月朱熹呂祖謙陸九齡陸九淵會於鉛山之鵝湖講論不合而罷（朱子年譜）　邑人詹騤狀元及第
七年知縣趙崇縕置修學宮歸東山白雲鳳林碧歷四廢等寺田產充學田
十年朱熹講學於武夷
熹築武夷精舍於武夷之五曲四方士友來者甚衆（朱子年譜）

**甯宗**

慶元三年十二月禁僞學
初朱熹以忤韓侂冑削官門人蔡元定亦編管道州至是王沇請置僞學之籍凡禁錮者五十九人朱熹蔡元定詹體仁均有名（續資治通鑑宋元學案）
六年三月甲子朱熹卒於建陽之考亭
紹熙三年熹由五夫遷居建陽之考亭至是卒十一月壬申葬於唐石里之大林谷將葬言者謂四方僞徒期會送僞師之葬會聚之間非妄談時人短長則謬議時政得失望令守臣約束從之然會葬者幾千人六日而後返山（朱子年譜）
嘉定間傅公隄成
北門當西北二水之衝時虞泛溢知縣傅雍築隄以防之邑人謂之傅公隄
知縣趙必愿建繼賢祠於南郊　設均惠倉

**理宗**

紹定三年贈朱熹徽國公
初寶慶三年贈熹太師追封信國公至是改封徽國公（續資治通鑑）
淳祐元年正月以朱熹從祀孔子廟（續資治通鑑）
二年勅建屏山書院於五夫里（劉氏家乘）
五年知縣陳樵子建社稷壇於西郊

六年御書朱熹白鹿洞條教頒天下學宮立石

十二年夏六月水

饑人甚多詔濟饑虎臣發錢五十萬米五千石以賑之（福建通志）

同年饑舉子倉（福建通志）

景定二年知縣林天瑞增建武夷精舍古心堂設山長　知縣劉漢傳重建濟川橋更名廣福

度宗

咸淳元年知縣劉漢傳重建大成殿易立教堂為明倫堂

恭帝

德祐二年邑人陳舉心從謝枋得守安仁元兵至死之（陳祖錫尚友錄）

帝昺

祥興二年二月陸秀夫負帝赴海死宋亡

## 元

世祖

至元十七年女真忽必烈入主中夏國號元

二十年參政和黃華抗元復崇安

先是黃華於十五年參集建甯括蒼鹽夫及畬民婦（自稱許夫人）抗元衆三萬侵建甯旋內附國上將軍完者都招降之以平陳弔眼功授建甯路管軍總管至是復叛衆十萬號頭陀軍稱宋祥符五年陷崇安圍建甯府浙西宣慰使高興征東行省左丞劉國傑等先後擊敗之華自焚死（福建通志）

同年縣尹潘忙古建譙樓三丈嗣繼賢稱

三十年兵亂廬井蕭然

成宗

元貞三年置惠民局（福建通志）
大德六年設御茶園於武夷
初至元十六年浙江行省平章高興至武夷製茶入獻十九年由縣官承薦至是始設焙局採製充貢（武夷山志）
武宗
至大二年秋七月水
壞傳公堤灉暨橋居民多溺死達魯花赤完者禿旋修復傳公堤
仁宗
皇慶二年定科舉法頒胡安國春秋傳朱熹易本義詩集傳四書集註蔡沈書集傳於學宮
本邑學術自此一變而執全國學術之牛耳而蔚爲百代矣
延祐間飢人相食
邑人江志毀家施粥就食者千餘人
英宗
至治二年濟川閘成
縣尹劉沉祖字濟川設陳溪陂石閘以時啓閉民便之故名
泰定帝
泰定元年設常平倉惠民藥局
順帝
元統二年罷科舉
旋復舉行
至元六年縣尹吳世顯立常平倉
至正三年徵處士杜本爲翰林院待制不赴　縣尹吳世修重建灉暨橋
十年鉛山寇閩良貴陷縣尹彭庭堅率兵禦之

十一年三月徵處士彭炳爲端本堂說書不赴（福建通志）

十四年五夫土寇亂勸錄將任顧用討平之

二十五年六月吳參軍胡深廣信指揮朱亮祖克崇安

先是深率兵下浦城進攻松溪擒陳友定偽將張子玉餘衆敗奔崇安至是深導合兵克之遂進攻建寧友定將阮德柔拒之錦江吳兵敗深被執遇害（福建通志）

二十六年八月陳友定殺縣尹孔楷（福建通志）　學宮武夷精舍燬於兵

二十七年冬十月順帝北奔踰二年元亡　十二月吳廣信衛指揮沐英自鉛山破分水關略崇安（福建通志）

## 明

太祖

洪武元年吳王朱元璋即皇帝位國號明

二年立臥碑於學宮

頒禁例十二款勒之學宮謂之臥碑清順治九年復頒條約八款謂爲新臥碑（會典）

四年知縣徐儼新重修學宮

八年設遞運所二處

九年知縣夏贊彰移建社稷壇於興賢坊

十三年知縣鄧文昂建譙樓

十四年設河泊所　編賦役黄册（通鑑輯覽）

二十七年行鈔法

初宋元以來頒行鈔法謂之交子會子至是倣行之禁用銅錢三十三年復禁用金銀然卒不通行（日知錄）

同年設武夷書院（福建通志）

成祖

永樂十三年秋大水

縣庠暨縣署南譙東岳廟圮衝壞民居無數

十六年彭□□編纂縣志（丘錫丘雲霄縣志序）

宣宗

宣德十年建游文肅公祠

英宗

正統元年詔先賢後裔子孫俱免差役

朱文公子孫免五十丁石蔡西山子孫免十九丁石游廌山子孫免十六丁石熊勿軒子孫免八丁石（福建通志）

二年以邑人胡安國蔡沈從祀孔子廟（續資治通鑑）

七年青田賊葉宗留嘯聚封山

葉宗留王紹等聚衆千餘人自稱大王入山盜礦既而由崇安出鉛山與領軍戴禮遇於黃柏鋪敗[illegible]（福建通志通鑑輯覽）

十年開採桐木關銀礦

十三年建朱文公祠

就五曲武夷精舍舊址爲之

十四年葉宗留合沙寇鄧茂七犯崇安殺都指揮吳剛

茂七建昌人初名雲殺人爲官所捕改名茂七逃沙縣沙俗佃人輸田主粟別餽雞米名冬牲茂七不從田主訟於官逮之急乃與其弟茂八據陳山寨作亂僞稱剗平王衆數萬蹂躪閩西北各縣幾遍至是與葉宗留合犯崇安殺都指揮吳剛並遣其黨周明松轉掠各鄉鎮，禦史丁瑄誘斬於延平宗留亦爲其黨陳鑑胡所殺亂平（福建通志通鑑輯覽）

景宗

景泰三年[illegible]李瀚修縣志聘邑人丘錫任纂修（續文獻通考丘錫崇安縣志序）

憲宗



東南合作印刷廠印

成化三年追封宋儒胡安國爲建寧伯蔡沈爲崇安伯（福建通志）

十七年知縣余衍重建禮賢館更名青雲

十八年知縣余衍重建廣福橋更名䨥屋

二十三年以八股試士

宋神宗以後試士用經義帖括然經義之文敷衍傳註或對或散初無定格至是始以反正虛實淺深兩扇立格而有破題承題起講鳳起大結等名目而文法益密股者對偶名也（顧炎武日知錄）

孝宗

弘治二年徵民壯

武宗

正德元年饑

二年二月始築城垣

是歲大饑多盜乃築城以衛之爲門四東曰崇宗南曰阜民西曰振武北曰拱極

五年盜猖獗

十年知縣王和置朱文公祠祭田百畝爲祀產

十三年教諭王鉉攝縣篆毀城坊諸寺佛像　王鉉領兵從布政使張常討寇

十六年秋八月朔午刻日蝕晝晦星象盡見禽鳥棲宿（建陽縣志　舊志）

我國日全食據推步家考最近五百年僅於嘉靖二十一年七月於黃河流域得見一次此條云云已與全食程度是否有誤記以存疑

世宗

嘉靖元年裁撤河泊所

二年水

四年知縣曾易設社學於西門

九年以邑人蔡元定從祀啓聖祠

十年僉事張儉建藍賢書院於西郊

十四年兵憲王庭瑞遷學宮於縣城之東南向

三十一年少參丁以忠改東向

二十七年裁稅課局

三十六年罷武夷貢茶（武夷山志）

四十年秋八月叛卒袁三寶匪自信州來犯

大肆殺掠城垣中區倉及衙署橋均拆毀

四十五年詔先賢朱熹子孫俱免差役

朱熹子孫在崇安甌寧建陽三縣者各免糧五十丁石完全宗子又免三十丁石隆慶間減三縣子孫永免坊里（福建通志）

穆宗

隆慶元年裁革遞運所

二年夏六月颶

大風拔木仆學宮殿廡民舍

三年知縣余乾貞修縣志聘邑人丘雲霄任纂修　建中區倉　遷廟

四年知縣余乾貞築城白華山麓

爲門四東曰賓日南曰問津西曰慶平北曰拱極水門五曰彌埠曰集賢曰毓秀曰太平曰埂頭

神宗

萬曆十七年黄孫與翁勳入祀鄉賢

二十四年督學徐即登迎其師李材講學於武夷

三十年五月頒道藏四百八十函於武夷冲佑觀（武夷山志）

三十五年知縣厲大復遷義倉付公館



東南合作印刷廠印

三十七年知縣盧大復重建蔡文節公祠定春秋仲丁二祭（蔡氏九儒書）

四十年知縣盧大復改建學宮於舊址

四十一年水

熹宗

天啓元年知縣呂光洵余乾貞入祀名宦

三年縣丞葛大成入祀名宦

五年毀書院

時朝廷納御史張訥言毀東林及天下書院納魏忠賢奏夬也（通鑑輯覽）

懷宗

崇禎五年知縣鄒之麟遷建學宮於北門牛氏巷北向

十一年知縣李世燦移建青雲樓於毓秀門外

十三年邑人竇應朋入祀鄉賢

十七年闖賊李自成陷京師帝崩於煤山

# 清

世祖

順治元年滿州愛新覺羅福臨入關佔北京

二年五月下薙髮令

限旬日以內悉薙髮違者殺無赦（清代易知錄）

三年八月徵南大將軍貝勒博洛入仙霞關定崇安（福建通志）　改服制

同年明故官邑人詹士龍熊貴起兵抗清

熊貴據蒸下村人民被殺殆盡

四年七月明故韓王部起兵羅寧復崇安

部金壇人明亡入古田山中爲僧至是起兵據迭寧奉明宗室陝西王朱常湖號召士民攻陷旁邑西北鄉饒塘饒廟慈周立東鄉韓國輔何呼奉入蒸赤肥等處之大肆擄掠所過爲墟民不耕種者幾十載明年四月清兵克建甯朱常湖王部死之（福建通志建甌縣志）

五年曹大鎬駐防崇安築月城

六年編審戶口

九年七月土寇陳德容作亂千總李鵬鉉破之德容竄建陽

德容邑人明亡入成棣山爲僧至是糾其黨裘武彥八謝狗等起兵圍城知縣殷應賓乘城拒戰千總李鵬鉉以勁兵突至解圍去十一月德容復糾土衆數千踞西三十里閩七寶代城陷復派其黨徐雲練意等轉掠各鄉閭里騷然鵬鉉力請援兵隨協武副將張承恩破德容城下德容竄建陽入甌寧界焚民廬掠老幼擄掠所過村落爲墟（福建通志　武夷山志　吳氏宗譜　蔣志）

十年疫

十一年土寇祖夢龍作亂

十四年總督李率泰招撫陳德容亂始平

十五年知縣韓士琦修城

十七年清兵執明主由榔於緬甸明亡

同年知縣韓士琦重建崇賢書院於西門

聖祖

康熙元年設分水關巡檢司　知縣嚴宗官修大成殿　編審戶口

二年水

推蕩山夘等處田二百餘頃橋七座城崩二十餘丈知縣嚴宗官延縣張光然重修之

四年勘荒田額糧七千二百餘兩　清丈田畝

七年鹽引改歸商辦

同年知縣章術忠門可法重建福星橋

八年知縣管聲駿重建啓聖祠

九年知縣管聲駿修縣志聘邑人袁光烈任纂修

十三年靖南王耿精忠叛以林綖𠎀知縣事

按福建通志十五年八月康親王傑書率大兵入仙霞關九月建寧延平二府關悉平是十三年春至十五年夏均係耿王統治時也

又云有上將軍徐尚江三人領兵抵建甯合人民將辮子截斷袖口切平

十六年蠲免錢糧

十七年水

十八年孫武江魏福一豹起兵黃岡白塔閩遊擊韓六合知縣金章率兵禦之

魏跛一足號江拐子與一豹皆耿精忠餘黨十六年聚衆黃岡白塔大竹嵐等處十九年巡撫吳興祚巡道倪國桂先後招撫乃降（邵武府志）

同年定錢制

順治錢每文有重一錢者有重一錢二分五厘者有重一錢四分者今從一錢四分（通考輯覽）

九月江西呂貴等亮起兵侵岑陽遊擊李英大敗之

時鄭經陷臺灣呂貴等起兵應之自稱都督李是學三千餘人入岑陽據險結巢聲勢頗張遊擊李英知縣金章會同兵民以攻之破木城二十六座斬其黨謝瓊郎等五員殺八百餘人生擒二十六人俘獲印信器械無算餘黨悉遁（福建通志）

二十七年樵樓災知縣楊宗顯重建之

三十二年大有年　添派鹽額一百引

三十四年順昌王麟泉聚衆白塔山知縣孔興璉命邑人吳聖德褒帶勇擊之擒渠衆餘黨奔散

三十七年禁酒

三十八年裁大安驛丞

三十九年大有年

四十三年知縣王梓建武廟　同年陞撫標先是營與制標持老官齋於虎嘯巖集數百人至是乃解散之陞撫標所以備之也（武夷山志）

四十五年御頒宋儒匾額

胡安國曰霜松雪柏蔡元定曰紫陽羽翼蔡沈曰學闡疇範皆御書也

四十八年火

城內街後街橫街燬民房數百家

五十年水

北鄉被災尤甚

五十一年升先儒朱熹配享大成殿改題其主曰先賢

朱熹位本東向乾隆三年升先賢有若於十哲改西向（續縣通志）

五十二年知縣梅廷雋改建學宮於雲樓東向

五十三年水

城崩橋毀田園漂沒黃柏石雄三渡尤甚

五十六年知縣陸廷鑣改建餘慶橋於南郊更名永濟

世宗

雍正元年早平糶　食鹽改官辦　潘錫入祀鄉賢

二年旱

六旬不雨米價騰貴（古佛全傳）　丁糧勻入官民田地攤徵一併輸納

三年建忠義孝弟節孝各祠　虎患傷百餘人

同年食鹽改商辦

鹽額共一百七十萬每萬十引共一千七百引民食不敷

同年知縣陳同善建先農壇於東郊　鹽義倉繼之

崇安縣新志（第一卷　大事）　八　東南合作印刷廠印

五年春詔永不加賦　知縣吳鵬翔增鹽額

七年設正音書院

即以崇實書院舊之

九年西北鄉鎮偽簿(古佛全傳)　裁長平吳田縣丞

十年夏火

環星村民房百餘家

十一年知縣劉埼修縣志聘邑人張彬任纂修

十二年左營遊擊改駐縣建寅賓鎮增設千總一員

十三年復增鹽額

高宗

乾隆元年諭審案不許拷問婦女　頒十三經二十一史於學宮

二年饑

三年知縣張闇請豁免荒賦二千二百餘兩

四年編查戶口

八年饑

十三年秋八月朔火

縣城內橫街前街後街官巷口鐵井欄朱家巷民房數百家

十五年秋七月水

水入城河邊居民多溺死石雄廠雁永寧三橋皆壞

十七年知縣毛大周修築城垣

邑人董之鐵董其事

十九年知縣李模建崇實書院於鼓樓　邑人彭宙訓建瓊崇門浮橋　大疫

二十年水
鎮寧門浮橋漂沒
二十二年更定保甲法
康熙二十二年巳訂保甲法至是復更定之
二十八年知縣王吉士建敎諭署　移巡檢駐五夫
三十一年夏大雨雹
其大如卵傷壞屋瓦牽畜農作物無算
三十二年移縣丞駐星村
三十四年知縣宋瑞金修城
修東城墩樓及女牆二十餘丈
四十七年火
燬南門外民房百餘家
四十九年夏六月水
五十一年火
由毓秀門延燒至南門
五十二年改分水關為傳勝關
剿辦台匪林爽文大兵過境改今名（福建通志）
五十三年火
由毓秀門延燒至雞姑巷
五十五年七月水
是月十四日分水關福高嶺石鏈內忽洪水湧出山崩地陷上中下蔡店至黃連坑人民廬舍蕩然無存
五十六年夏五月水


東南合作印刷廠印

是月二十二日曹墩大水漲至沖壞田園廬舍人多溺死

六十年建文昌祠

仁宗

嘉慶元年夏大旱　六月梅溪火

五年春三月朝前街火　邑人朱斌等重建永寧橋更名興南　北鄉蝗

七年夏大旱

八年秋八月赤石街火

十年夏饑平糶　秋八月公館火

十二年夏四月大風雨雹

拔石嶺豐福壓人有死者

同年秋七月火

由横城街延燒衛前街鐵井欄學宮明倫堂聚賢書院均燬

十三年知縣魏大名修縣志聘主簿童朝斌任纂修

十七年夏六月西鄉蝗傷稼(古佛全傳)

十八年秋蝗蝻

定官民服食之界(通鑑輯覽)

宣宗

道光三年邑人傳□始信奉天主教

八年邑人黄□□與□□等公建德星橋

十三年秋穀貴

十四年夏淫雨累月不止

十五年夏旱

不雨者七旬禾多槁米價騰貴（古佛全傳）

十六年饑

米每石銀七兩

二十五年火

燬黃土街民房百餘家

用銀元

初由葡萄牙人輸入銀面印有佛頭邑人謂爲花邊乾隆時漸見使用至是英洋日洋接踵而至光緒間始自行鼓鑄並發行幣名

小洋邑人謂爲角仔

文宗

咸豐六年大蝗蝗

七年二月十六日太平軍王國宗部犯崇安知縣王□□棄城遁

先是太平軍擾贛東按察使保奉防崇安至是由分水關入踞城十日竄建陽

同年四月奸民葉緒仔從不丁等嘯聚五夫之興山聯首張光西會聯兵破之（翁體良五夫子里志） 八月颶風節年丁耗糧米（福建通志）

八年春二月太平軍由岑陽關趨浦城知縣冀自逸遊擊王興棠率兵躡其後外委劉忠孝死之

是月十六日太平軍楊輔清楊輔清部十餘萬人由岑陽關擄嵐谷十八日從苦株林羅后洋出西鄉進陷浦城四月知縣冀自逸遊擊王興棠率兵勇三千餘人由黎口進駐西鄉五月十一日外委劉忠孝請擊賊乃遣兵攻城旣交綏王興棠先遁劉忠孝率隊直薄彩門據力戰被執不屈死鄉勇陣亡者六百餘名（浦城縣志）

九年六月太平軍陷崇安知縣冀自逸死之

是月初二日太平軍餘股犯分水關自逸由浦城間兵潰之敗由關旁蕭家地小徑繞關背遂不守自逸馳問敵蹤至自逸迎戰死之城遂陷太平軍四出擄掠民間財物一空見人輒大呼「殺妖」婦女恐被汚而自殺者計五十九人七月上諭曾國藩以援浙之師由鉛山直搗崇安相機進剿太平軍乃由建陽竄建寧（福建通志調查稿）



東南合作印刷廠印

同年豁緩新舊額賦

九年夏紅巾賊由建陽擾澄浒

先是五年夏紅巾匪首郭萬忠楊三仔等據建邑九龍山作亂由仁壽入建陽之唐科據爲巢穴轉掠西南鄉遂至澄浒八年秋楊三仔伏誅勢乃孤至是總兵林文察剿平之（建陽縣志）

同年解烟禁（清鑑易知錄）

十年春建莫公祠

祀知縣莫自逸又建昭忠祠於莫公祠之後祀同時死難諸人

同年豁免新舊額賦

道光十九年五月頒禁煙新例

時朝廷禁煙不遺餘力十八年以來京城內外各衙門發獲鴉片解送交刑部審訊者不下數百起並派林則徐馳赴廣東查辦鴉煙事件英人藉以起釁賡訂南京條約此吾國百年來盛衰之大關也新例共三十九條取締至爲嚴厲

穆宗

同治元年六月水

西北鄉洪水暴漲高丈餘深蕩田畝無算房屋傾壞人多壓死

二年三月豁緩被水新舊額賦（福建通志）　四月設釐金（福建通志）

五年二月十五日齋匪陷城知縣申其昌游擊戚全宗死之

先是贛人張老三白蓮教遺孽也由封禁山入山燬以持齋誦經煽惑民衆其黨據羅山中稱天書寶劍謂能兵爲皇帝容貌甚偉愚民益信仰之至是老三率其黨數百人襲稅釐局知縣申其昌會合解散被殺游擊戚全宗投水死城遂陷二十一日總建陽知縣謝鍈衛拒戰負傷走閩從督黃少春兵至棄城奔嵐谷官軍儲爲九龍山紅巾賊魁楊匪納之大隊至內外夾擊匪大敗退守龍隨山官軍以前往南中營游擊宋筠清爲鄉導圍攻之老三逸去擒其黨陳奴奴熊八妹安林碌楊維忠等誅之詔予申其昌等致祭世職明年復捕獲匪首王有材等戮之亂遂平（福建通志調查稿）　建陽縣志

十一年春公建左營游擊兵將軍祠

將軍名壽大學士榮祿之父也

德宗

光緒四年知縣陽成章建學宮

邑人萬方煜董其事

五年設備惠倉

附設光化寺萬方煜募乾穀八百餘石補充之（古佛全傳）

十年七月明倫堂災

旋重建仍以萬方煜董其事

同年冬火

橫城街及風谷街先後燬民房數十家

十二年七月水

洪水入城東北門民居漂蕩各鄉田廬橋梁農作物多損壞

同年十二月十二日哥老會作亂知縣陳銑遊擊孫東軒擒獲之匪首黨齊羣伏誅亂平

十三年邑人朱敬操建甕溪餘慶二橋於南郊

十五年二月火

燬南門外民房數十家

同年邑人劉光斐著說攷九疇圖行各國

十八年以邑人游酢從祀孔子廟　邑人陳紹勳袁序鏞等建鳳鳴書院於嵐谷

同年十月火

[illegible]墟閩村成燼

十九年冬火

燬五夫街民房數十家



東南合作印刷廠印

二十年知縣張藹(?)繕縣署於東門　夏饑(?)　秋大潭火
二十一年知縣汪起鳳建考棚
　以營撫(?)舊縣署爲之
同年秋良棟(?)村火
二十二年後街火
二十四年五月命科舉改試策論武科改試槍砲各省府廳州縣設立學堂
　時朝廷擢用康有爲及其弟子梁啓超主變法故有是命政變後卽告停頓二十七年始復行之
二十五年大旱　冬十二月大雪浹旬深數尺
二十六年水
　北門民房多圮
二十七年五月水
　五夫玉虹橋圮吳屯社坵下村漂窩(?)成河
同年六月停止武科
二十八年知縣王國璠設中西學堂
同年五月水
　星村石橋街顧將村黃村周村三里田廬多漂沒
二十九年火
　燬大潭民房數十家
三十年廢科舉　蝗蝕竹葉殆盡
同年用銅元
　每枚當錢十文
三十二年厲行禁煙

時將禁煙縣城鄉均設去毒社執行之
三十三年設教育會
三十四年設農業分會商務分會

宣統帝

宣統元年設自治會
同年水
東鄉溪頭村山崩水湧民房十餘家盡成沙洲
二年設勸學所　三月五夫文昌閣災．
三年十月邑人驅逐知縣曾光禧公舉朱敬熙監督縣事
先是九月十九日福州光復各縣多傳檄而定至是邑人張乃勳等乃驅逐知縣曾光禧同公舉前浙江候補道朱敬熙監督縣事
同年冬帝遜位消亡

中華民國

元年一月一日孫大總統就位於南京改用陽曆　剪髮　禁婦女纏足　成立臨時縣議會　敎民建築耶穌堂於爽豪山
二年三月縣署附設審檢所
同年四月米貴
西北鄉飢民數千人詣縣署請求平糶
同年八月大火
焚暴村民房百餘家
三年議會合記
四年設保衛團
五年四月大水

是日大晴忽分水關附近洪水暴漲衝壞橋梁田畝無算

六年八月知事王啟賢修縣志聘邑人洪鑰任纂修

設局城中並聘朱敬熙潘啟良任正副經理吏員光彭胡宸鍋廷桂等任協修十一年洪鑰卒知事袍源瀚復聘詹繼良任纂修吏幹

任協修續因兵事倥偬遂致停頓共黨之亂原稿均散失無還

同年撤銷保衛團

八年夏四月匪警

匪由建陽竄撥援察源星村民團會同黎源禮濟各聯丁協剿之斃匪十餘名餘黨竄散

十年五月大水

嵐谷岑陽關山洪暴漲漂蕩田盧無算知事袍源瀚勘賑之

十一年八月粵軍許崇智由贛入閩經崇安索款十萬元

十三年九月督辦孫傳芳軍由閩攻浙經崇安

孫部張俊峯孟昭月各旅均取道崇安

十四年設縣立初級中學校以詹繼良為校長

十五年設縣立職業學校以王繼三爲校長

十九年併入縣立初級中學校

十九年冬季部長熊餉以饒鴻飛萬培英李育英寶懋卿朱瑞鈞等爲行政委員攝縣事

初熊部入閩邑人迫令知事何紹休去職適李部長政餉以視察經崇安故有是命越七日而知事王儒至

十五年十一月邑人鄭熙續藍振漢支持李部爲縣黨部籌備員

十六年五月禦共彭傳入城知事王儒他避以黨部籌備員籌商常駐攝縣事

初彭傳與馬雲龍等由福城石坡街襲五夫劉總詹繼良率民團擊之斃排長一路潰至星入城知事王儒他避商民均閉門稱避令課

火由邑人陸溪采牛烘畜鋒論令符鑰始逃去

十九年冬殺饒金

以徵收黃棠稅任補之

二十年六月十五日共產黨陷城縣長詹繼良閩侯丘鐵牛煥齊等死之

初十六年冬共產黨人徐履峻日武夷歸與范光陳耿閩作恭等相結納以辦理赴合爲名而實傳赤化邑人不之知也迨十七年春而安全之事起全嵐谷際下人曾畢業高等學校歷任汀屬各縣警務長妹夫彭峻如義集民團經費之急全衛之嶺如方包辦其酒稅徇劉鄉民全糾集衆之爲難徐履峻等復乘機煽惑鄉愚殺縣駐軍張營長以暨邵壽聯甲局委員徐竹垣黃茂蔚等繳中滚將安全糾衆數千人攻城至姑林擂大雨炮火震撼川閉城中有偏乃退去自是以抗捐爲名所行捐稅向商戶徵收或綁擄勒贖樗勢洶洶不可制十八年一月糾衆數千人圍五夫團總仍繼良撤兵山上乃其又擊攻之斬首百餘級既而駐軍分兩路攻際下全收走上饒邑人以爲樹官勞府等屏夜跟追派嵐谷聯董及枯林與地河口閩系請駐軍下令通緝發日安全及其弟鍾祿梁於黃溪洋檔就擒發押河口捨決安全既死民衆復鬨較徐履峻與城中勢逐將繼因軍事奪局資令納款四萬元以自贖各項捐稅又乘閩籍賈民亥復大張陳耿左前誠等紹因發叙之旗局逐不可收拾十九年冬劉棠戰事起防兵盡撤西北鄉爲所蹂躪六月全力攻城駐軍單傳刑總隊朱爾薇滋鳳琪牛煥齊等乃率民團拒禦之縣保營長左某等百餘人自是不敢窺城者累月其冬陳耿殺左時峻之父逐相攻閩作恭乃勾通贛共鄭琦方志敏等以自助攻殺左某復振二十年四月陷赤石劫茶商十餘萬元至是復陷城縣長詹繼良科員邱鐵牛劉丘牧牛煥齊教練章煥青及縣府職員梁安全等安中營業兵希坤路首李成坤等先後死之大肆殺掠死者數千人均投屍河中隨洪水漂蕩去縣署文廟紅衛吳家山街道均被毀閩北蘇維埃政府於大安民衆多逃避浦城建陽建甌福州杭州等處尤以福州爲多閩閩粹總理縣公鎮冰民政廳廳長高登艇等聯絡多方賑以全活難民至今德之

同年冬邑人鄭照文任縣長治赤石

鄭縣長因海軍陸戰隊入崇安以城中精華已盡城垣復毀壞不可守乃移治赤石

二十一年秋九月贛東共產黨方志敏陷赤石縣長鄭照文退守興田

先是五月間共產黨攻赤石團長江鳳翠守三日夜敵乃退至是復大舉來攻鄭縣長及駐軍營團長率兵禦之終以衆寡不敵退守興田嗣周馬師與旅長克復縣赤正擬分別清剿適共產黨羅炳輝部入閩先部告急駐軍奉令撤防崇安乃完全被陷

二十二年十二月二十一日陸軍第四十五旅旅長張鑾基克復崇安以副官黃和忱爲縣長

張部原駐浦城至是奉令入崇安先後收復各鄉區城垣如獨保舊衛推進二十三年下大安共黨巢穴張部衆轉戰忠勇奮發而民

陳王德有彭德懷楊國賓彭賓賢黎慎芳等之故所向有功大小百餘戰陣亡官兵百餘人三年而亂始平初本邑丁口約十萬人自共匪竄陷城後殺公務員暨智識分子殺富農殺改組派殺反動分子動輒數千人慘劇相尋肝腦塗地民衆至不敢偶語壯丁則驅令充當紅軍江西黎川一役陣亡數千人所有大權均操於贛北貴溪黃道黃立貴余靜齋徐子正之手土共楊斌鄧琦峰遂以改組派目之於是范光陳耿開作藩周鍾瑛徐鑑元等先後被殺殆盡及政府實行封鎖政策糧食缺乏民衆均淡食田野廢耕宅潮饑爲癘病饑餓死者又復相屬迨二十四年編查戶口僅餘四萬餘人實空前未有之浩劫也

二十三年四月設善後委員會

以邑人彭繼廉黃幹等爲委員長組織自新民共管理處設學校救濟散在閩贛等爲匪脅的流亡者也

同年各設區公所

二十四年編保甲　設合作辦事處　邑人陳德彭家修德基橋

二十五年駐閩綏靖公署主任蔣鼎文建中正公園於天遊峯紀念綏靖閩浙贛剿匪軍東路軍陣亡將士墓於武夷宮　設衛防運輸所　區署　電報局　戒烟所　辦理倉儲

二十六年行征兵制　設司法處　鹽務所　義勇壯丁常備隊　新生活促進委員會　發行救國公債

二十七年設軍法承審員　北訓總隊部　衛生院　省政府遣送難民於崇安

同年秋縣長劉超然修明倫堂爲縣政府

以邑人王朝楨董其事

二十八年設警察所及長途電話　崇陽公路通車　福州私立三一中學校遷崇安

二十九年實行新縣制　辦理土地編查　以縣衙城村隸崇安　建中山紀念堂忠烈祠　設茶葉職業初級中學校

組織糧食管理委員會　設公沽局圖書館電燈廠　改警察所爲警察局擴訓總隊爲國民兵團　計口授鹽

同年八月縣長劉超然修孔子廟

以邑人王朝楨董其事

同年九月第三戰區司令長官顧祝同設蘇皖臨時聯立政治學院於武夷宮

旋改爲蘇皖聯立技藝專科學校

同年十一月縣長劉超然修縣志聘前省議會議長龔岩鄉吳[illegible]任總編輯[illegible]人[illegible]任副總編輯

三十年一月設省銀行崇安辦事處　以施家坪源頭村歸建陽

同年四月十五日倭機炸城坊

計敵機九架投彈七十枚死四十四人傷四十八人燬中正路民房二十餘家

同年九月二十一日（農曆八月朔日）日全食

按明嘉靖二十年七月己酉朔發現日全食一次月彭[illegible]湧黃河流域一帶迄今已五百年矣本年日全食之路徑起於黑海東岸經中亞細亞新疆青海甘肅陝西湖北江西浙江福建而入太平洋全食地帶之寬度平均約在一百四十公里左右全食之時間約爲三分二十秒左右總計在中國境內全程約三千五百公里歷時約八十餘分鐘[illegible]省之崇安建陽水吉建甌浦城松溪政和壽甯屏南福安甯德羅源霞浦福鼎各縣均能窺見之其次全食時刻適值秋分後六日七時左右故我國各地距離日食於黃[illegible]十四度斯時太陽距離處女座星不及一度本此星又名太微垣左執法乃一等[illegible]星則能見之同等一實爲星等3.8）其他十八等星在太陽周圍三度以內者共約十八顆但不用望遠鏡不能望見茲將本縣見食時刻及各種擔任觀測項目列表於下

本縣見食時刻表

|  | | |  | | |
|---|---|---|---|---|---|
| 地名 | | | 崇安 | | |
| 東經 | | | 118° | 1′ | 3″.3 |
| 北緯 | | | 27° | 45′ | 32″.8 |
| 與東經105°之經差 | | | 0h | 52m | 4.2 |
| 初虧 | 時刻 | 地方時 | 10 | 52 | 2.9 |
| | | 標準時 | 9 | 58 | 58.7 |
| | 相位 | P | 299°.5 | | |
| | | V | 327.[illegible] | | |
| 食既 | 時刻 | 地方時 | 12h | 20m | 57.6 |
| | | 標準時 | 11 | 28 | 53.4 |
| 食甚 | 時刻 | 地方時 | 12 | 22 | 36.[illegible] |
| | | 標準時 | 11 | 3[illegible] | 32.[illegible] |
| | 食分 | A | 1.[illegible]382 | | |
| | | D | 1.0143 | | |
| | 食象 | 太陽高度 | 62° | 14′ | |
| 生光 | 時刻 | 地方時 | 12h | 24m | 15.[illegible] |
| | | 標準時 | 11 | 32 | 11.[illegible] |
| 復圓 | 時刻 | 地方時 | 3 | 50 | 29.[illegible] |
| | | 標準時 | 2 | 58 | 25.[illegible] |
| | 相位 | P | 118°.3 | | |
| | | V | 74.1 | | |
| 全食歷續時間 | | | | 3m | 18.[illegible] |
| 至中心線距離 | | | 15.[illegible]里 | | |
| 附記 | | | 公[illegible]數 | | |

## 各機關担任觀測項目表

| 担任機關 | 觀測項目 | 地點 |
| --- | --- | --- |
| 1.氣象局 陸地測量總局天文觀測所 國立中山大學 中國天文學會 | 精確測定見食始終時刻及食時 | 崇安 |
| 2.氣象局 中國天文學會 國立中山大學 | 日冕日珥之攝影 | 仝 |
| 3.氣象局 福建電政管理局 華西協合大學 | 空高電子層變化 | 仝 |
| 4.氣象局 華西聯合大學 福建協和學院 國立廈門大學 經濟部地質調查所 | 地磁變化 | 仝 |
| 5.氣象局 福建省教育廳電化教育處 | 攝製日食影片 | 仝 |
| 6.氣象局 陸地測量總局天文觀測所 | 各縣城經緯度測量 | 各縣城 |
| 7.氣象局 | 無線電廣播授時及報告 | 崇安 |
| 8.國立廈門大學 福建協和學院 | 太陽輻射線 | 仝 |
| 9.國立浙江大學 龍泉分校 | 宇宙線 | 仝 |
| 10.國立廈門大學 | 電場強度之測定 | 仝 |
| 11.中央福建省廣播電台 | 無線電對於日食時之影響 | 仝 |
| 12.氣象局及所屬各測候所 浙江大陸測量學校 | 測定全食帶或偏食帶初虧復圓時刻<br>設繪日冕現象<br>天空景色變化<br>日旁伴星之搜查及投繪<br>攝製偏食照片<br>動物特異現象之觀測 | 崇安福安福鼎霞浦連江建陽寧德閩侯閩清沙縣永安連城龍岩清流長汀浙江江山松溪政和永春邵武<br>仝 |
| 13.氣象局及所屬各測候所 | 高空或地面氣象之變化<br>熱輻射之變化 | 仝 |

本國天文學家多組織觀測隊到崇安觀測省政府并派員設招待所於赤石惜是日陰雨以時除地磁變化部份及鳥類變化等項不受影響外其餘觀測項目均未實現茲摘錄民國二十五年六月十九日我國日食觀測委員會派赴日本北海道觀測日食之報告如下以作參考

在將全食之前日面之左上上角在日光尚未被全部遮蔽之瞬間呈極強之光輝與太陽四周微露之白光恰如金剛鑽之戒指甚爲美麗瞬時此狀消失日冕（Corona）四射此次日冕散成五角形其長度與太陽直徑相等太陽邊緣又見五個紅色火焰是即日珥（Prolmenos）其中有二個並列在一處於太陽之右下方附近得見明亮之金星而周圍仍有不少陰雲故得見之星不多如斯現象僅一分十餘秒而消失遂覺恢復常態全食時之光亮與滿月相埒但因其變動迅速之故似乎特別昏黑且非如滿月時之青白色係黃綠帶褐之色甚爲美麗全食之前有無數鳥類歸巢以爲天黑之故全食之後卻生光約經二十五分鐘雞鳴大鳴蓋以爲天亮故也

同年十月縣長吳石仙開闢城坊馬路　建防空洞於西嶺巷　田賦徵收實物

同年十二月孔子廟舊址

# 【光緒】續修浦城縣志

(清)翁天祜、吕渭英修　翁昭泰纂

清光緒二十六年(1900)南浦書院刻本

# 續修浦城縣志卷之四十二

## 雜記　祥異　叢談　詩話

軼事遺聞史家不廢蓋識大識小莫不有道存焉甘露卿雲固屬熙朝瑞兆堯水湯旱豈無盛世偏災至於鋒鏑傷亡干戈蹂躪尤民生盛衰所繫前事得失之林非細故也若夫叢談詩話亦非等誌怪搜神之記雕雲鏤月之詞必可以佐參稽資考證者始掇録之太史公曰其軼往往見於他說端有賴於補闕拾遺也志雜記

### 祥異

唐元和間鳳凰集於城東乾元寺詔改寺額爲勝果

乾符五年黃巢破信歙等州轉畧浙東因刊山開道七百餘里直趨建州至仙陽鎮縣尉文昭力禦之死其難

天祐間王審知遣章仔鈞爲西北面行營招討使戍浦城屯兵西巖山下

五代晉

開運三年八月南唐將查文徽克建州王延政降邑人張仲仁叫閽上書請救於朝不許

宋

元豐中歲饑百丈山䕺竹結實如米炊之可食民賴以活邑人黃靜官福建提舉圖上之詔付史館

建炎三年夏四月苗傅劉正彥遁至浦城浙西制置使韓世忠追及於漁梁驛執正彥送行在伏誅

建炎四年建安奸民范汝爲亂陷建州焚掠縣城知縣事辛次膺揀兵壯守險隘紹興二年正月神武左軍都統制韓世忠圍建州拔之汝爲自焚死餘黨悉平

紹興五年東北鄉礦賊起置戴初寨於登俊里置保安寨於舴山里設訓練官鎮守之

紹熙元年十二月西鄉山寇張海亂掠縣治焚五百家詔提點刑獄豐誼捕之是月大雪深數尺民避寇入山者多凍死寇平設西安臨江二寨鎮其地

慶元間處州礦賊起置官田寨於劉源以禦之

慶元五年儒學大成殿陛產靈芝

元

至正三年秋民家豕生豚二尾八足

至正十一年十一月雨黑子如稗實

至正十二年十一月紅巾賊寇縣境

至正二十二年青田賊寇縣境

至正二十五年二月福建行省平章陳友定進攻處州明參軍胡深擊敗之追至浦城又敗其守兵城遂下

明

吳元年太祖命胡廷瑞何文輝取福建遣浙江行省平章事李文忠自杭州別引軍屯浦城以逼之

正統十四年慶元賊葉宗留寇浦城知縣何俊拒
却之

成化十九年五月戊戌大雨連日庚子雁塘里山
水泛溢高三丈餘漂民廬百三十家壞橋十三
處冲損民田三十八頃有奇淹斃者四十八人

成化二十年二月甲子夜火燔軍民房屋百六十
三家

宏治初處州賊寇縣境知縣鄧應仁帥民兵禦之
賊奔潰

正德七年猺源洞寇起饒信所至殘破邑中震恐

知縣孫懋於楓嶺梨嶺靖安各要害處築寨立
隘以禦之寇不敢犯

嘉靖四十二年東北鄉坑場寇起知縣盛周帥民
兵擣其穴賊就擒

萬歷十七年官田里民家產牛一身二首怪而斃
之是歲大疫

萬歷三十五年五月二十一日午時邑民王姓者
失火延燒四百餘家官廨倉庫俱燼

萬歷三十六年六月夜大風雨雷電擊尊經閣鴟
吻貫至中柱閣盡燬惟柱旁四箴碑如故

萬歷三十八年秋日當午旋風忽從田間起高五丈餘水轉旋如珠始白色漸而綠而紅復成火焰禾稼當之盡壞久之乃息

萬歷四十一年五月中旬山水陡漲近溪各鄉漂流房屋淹斃人口田地坍塌者數十頃

崇禎四年城西民家鳧育雞兩首四足

崇禎十五年春正月雁塘里山賊闕貴等謀襲縣城知縣劉明孝發丁壯擊之獲其渠魁十六年貴復圖竊發明孝偕把總龍勝率民兵擒其黨范任等戮諸市

國朝

順治二年明唐藩聿鍵遣鄭鴻逵師師出浙東鴻逵駐仙陽鎮逗遛爲民害

順治三年秋八月明田仰楊文驄潰卒四掠知縣李葆貞撫之

順治四年各鄉山寇起鎮將李績拒剿之斬其渠常甫鄭秀等九人餘悉平

王祁陷郡城攻掠旁邑知縣李葆貞與鎮將李績率民兵登陴堅守迎戰於下里坂大敗之城獲全

順治十年大疫

康熙十三年三月耿精忠叛僞檄至浦士民逃竄

康熙二十五年春建甯多大雨至閏四月二十八日薄暮東西二溪水漲翼日亭午大漲淹沒頗甯儒學軍糧二廳建安縣署城牆民屋壞者千有餘區松溪浦城尤甚總督王國安發銀三百兩賑之

康熙二十八年奸民自稱羅平王以妖術惑衆知縣何三臺偕遊擊楊桂芳捕獲之尋伏誅

康熙五十九年九月初二夜棋盤街居民失火延

燒五百餘家

乾隆四年四月大雨雷電尊經閣火

乾隆七年正月三十日未時大雨雹屋瓦俱碎

乾隆八年閏四月民家豕生豚一首二身二尾八足

乾隆十三年縣署失火燔大堂及儀門知縣白永清重新之

乾隆三十三年西鄉奸僧覺圓賣旗滋事知府詹易借知縣劉秉鈞捕獲之明年覺圓與其黨皆伏誅

乾隆四十三年夏南浦書院產靈芝

乾隆五十二年春縣署西廳失火延燒常平倉燔
倉廒三十餘座知縣鈕現重葺之

乾隆五十三年夏大水

乾隆五十九年夏大水

嘉慶五年六月二十五夜大雨無雷覆蠡山水陡
發諸流暴漲二十六日卯時南浦溪水驟高二
丈餘縣城自龍潭門以南南浦門以西迄於迎
遠門沖塌二百八十餘丈雁塘忠信登俊官田
太平諸里田廬漂壞淹斃人口以數千計水過

之處橋梁皆圮

嘉慶八年南鄉匪徒鄒信結黨滋擾知縣周虎拜

捕獲之尋與其黨皆伏誅

嘉慶十一年夏六月不雨秋七月大雨枯苗旁復

生穗收穫較倍民慶大有年

道光十三年秋蝗食禾稼徧及樹葉

道光十四年夏霪雨兩月餘六月寒甚歲大饑

道光十六年夏大旱是歲大饑飢民閒有餓死者

咸豐元年縣治前災延燒民房一百餘間縣署頭

門被燬

咸豐七年二月粵匪由江西入分水關連陷崇安建陽圍郡城浦邑戒嚴知縣韓湛諭令城鄉舉辦團練修備戰守四月郡城解圍賊仍竄江西

咸豐七年六月城內市心街井鳴數日不息

咸豐八年正月天雨紅豆自后洋至西鄉

咸豐八年有江山廿七都源匪徒在火燒坪地方設壇大書闖山大洞府旗號煽誘愚民名曰學法於正月十九突由安民關入境搶刦高門村旋爲聯兵擊散獲男婦十餘人送縣知縣韓湛訊實有通粵匪之據駢斬於市

咸豐八年二月粤逆偽翼王石達開犯江西廣信擾鉛山廣豐賊氛逼近閤邑戒嚴知縣韓湛派委弁兵協同鄉團分守各要隘所在鄉民接濟糧食賊渠楊儀清楊輔清偵知北鄉有備十六日遂由鉛山襲崇安之岑陽關我兵併力扼守雙亭隘崇浦交界距岑陽八十里十八日賊乘昏夜大霧從苦株林小徑繞越雙亭隘內守兵猝不及防十九日賊遂徑出西鄉直逼城下麕集至十餘萬人知縣韓湛督率兵民登陴固守二十日楓嶺營守備余金標盧生姚夔安率兵團入援與賊

遇於北郊三里亭皆戰歿同日富嶺團總率東鄉團丁入援與賊戰於吳山下亦失利二十一日復任知縣劉芳雲入境協同南鄉團練及水吉鄉兵援城至九漱與賊接仗敗績劉芳雲死之東鄉瑞安等村團練是日亦擊賊於李杯旋敗退連日各路鄉兵皆奮勇爭先多先獲小勝殺賊甚夥卒以衆寡不敵大半陣亡鄉兵既敗是日酉刻城隨陷賊大肆焚殺知縣韓湛縣丞伍藏賡典史趙秉燕皆死之西北外委鄧啓忠巷戰死守備邱洪裕棄城逝紳民殉難遇害者

十數萬人楊賊據城久七月初石逆率衆十餘萬人由浙江龍泉分道入境兩賊不和楊逆即於初七日棄城去由二渡關仍竄江西石賊過浦亦不據城大股由北鄉出筋竹隘竄浙江餘黨分竄西南兩鄉數日盡退出境

按髮逆竄亂吾閩淪陷二十餘州縣屠戮之慘未有甚於浦城者推原其故邑人狃於丁巳之役以悍賊數十萬卒不能拔郡城故守城之心甚堅而氣甚壯微特城居者絕鮮遷避出鄉且鄉居者轉多遷避入城又以北鄉

之二渡關西鄉之雙亭隘爲入浦要路昔有官兵民團併力固守有恃不恐初不料賊擄村民爲鄉導探知小路偷越要隘遶臨城下直如疾雷不及掩耳且丁壯精鋭多出守關隘爲賊遮隔不能返顧城內守兵益形單薄加以奸細內應倉猝城陷以致束手待斃聚族而殲玉石俱焚同歸於盡刼數所關雖由人事豈非天意哉當二月中楊逆之窺浦城也偵知北鄉二渡關防守巖密（千總祝善銓團總李學海統帶兵勇并北鄉十餘村團練共三千餘人協同防守）十六日逆黨崇

安之岑陽關進窺雙亭隘偵知亦有備先是把總吳宗和統帶兵勇團長伍輝浦葉春和統帶西鄉團練協同防堵至是南鄉團長姚瓊宴劉邦勳更糾集西南各鄉團練通共四千餘人併力防守十八日遂偷從苦株林小路連夜繞入浦之華竹坑由馬嶺過后洋是日守關者亦慮及苦株林山徑可以繞越急撥團丁數百往守未至而賊已偷度矣是夜大雨雲霧漫山故守隘者未覺迨巳刻霧散賊前隊已抵西鄉守關團丁見賊已入境回顧室家皆無關志十九日賊遂徑趨城下蜂屯蟻聚圍城數帀力撲猛攻城內未聞雙亭失守之信疑賊從天降相顧駭

愕知縣韓湛及同城各員弁督率兵勇紳士督率團丁分堠嚴密防守富捐資貧出力居民皆登陴助守二十日楓嶺守備余金標廪生姚瓊宴統帶營勇鄉兵千餘人入援次北郊三里亭與賊接仗連毀賊帳三賊集愈衆我兵被其橫截首尾不能相顧死者過半余金標姚瓊宴皆歿於陣同日東鄉富嶺等村聯合團丁至吳山下臨水亭擊賊被賊包圍陣亡者數百人二十一日前令劉芳雲奉檄復任在道聞警至水吉帶領水吉鄉兵入境

會合南鄉團丁援城至遵墩遇賊奮勇衝殺殪賊甚多賊旋從兩山包抄我兵不支劉芳雲陷陣死鄉兵陣亡不計其數永吉尤多又東鄉瑞安等村民團千餘人亦於是日大戰於李栢卒以衆寡不敵半死於賊（各鄉團丁臨陣無不奮勇殺賊設使同時併力未必不可制勝惜皆先後參差故皆敗績）先是各路鄉兵約齊赴援並約開城夾攻守城兵民咸願出戰守備邱洪得畏葸不從人以爲憾四鄉援兵既皆潰散守者益孤賊攻益急酉刻南門遂陷（或謂有愚民賄賊獻門或謂有奸民通賊內應）知縣韓湛

自縊於越王臺縣丞伍載賡典史趙秉煦皆殉節西北外委鄧啓忠巷戰死守備邱洪得逃無下落賊入城縱火大肆屠戮惟北門無賊蹤凡出北門逃避者皆獲生全出西南兩門者無一倖免有巷戰捐軀者闔門殉難者罵賊不屈者自縊者自焚者仰藥者投井投塘者婦孺大半皆死於水城內凡有池塘處屍骸填塞皆滿四隅火光燭天官廨民房十不止燬其九自酉至卯賊始歛刃死者約數萬人尚有裹脅不同逃亡不復者亦數千人實數無從稽核二十二日

西鄉屯賊盡退入城是日即分股由水北竄陷松溪政和賊爲久據計城內廬舍盡燬無可駐足將城外房屋全行拆卸搬運入城改造每日分隊到近城各村焚掠擄括亦多遇害者四月初崇安知縣莫自逸統帶營兵鄉勇三千餘人駐紮西鄉先是莫令駐兵黎口西鄉鄉首葉春和達胡鄉靖請救援願供糧餉故有是舉五月初九進紮路後街十一日進兵攻城外委劉忠孝薄彩門樓力戰被賊執不屈死崇安鄉兵陣亡數百名水吉崇安鄉兵皆越境急難敵愾同仇陣亡極多惜多不傳姓氏左營游擊王興

榮先逝金門參將吳鴻源率所部殿後賊不敢逼自是西鄉復受賊擾南鄉陸路則有參將藏慶吾游擊張從龍奉檄統兵禦賊協同南鄉團練團長劉邦勳督帶扼守西陽嶺水路千總許玉龍扼守觀前近溪一帶水陸協守賊屢犯擊却之故城陷後南鄉獨免蹂躪賊後大舉進逼眾寡懸殊慶吾且戰且却令村民逃避而徐退兵保全不少許玉龍禦賊力戰不肯而卻被執罵賊死自是南鄉各村始受荼毒楊逆自距浦後與石逆不和不受管轄六

月初石逆遣其黨賊中呼為九公子者率衆萬餘由塔嶺入境至城下為楊賊截殺過半石逆闖旋自率衆十餘萬由浙之龍泉分路入邑之弓村嶺白巖等村楊逆即於初七日棄城遁全股由北鄉出二渡關仍竄江西石賊到浦後幸不逗留大股由畢嶺里出箭竹隘竄浙江其餘分股或由西鄉出雙亭隘或由南鄉出塔嶺關亦有由二渡關追襲楊逆者自是浦境肅清於是署縣事張銓慶三月奉檄來浦住劄西南兩鄉偕提督周天受總兵饒廷選等始帶兵入城

辦理善後事宜以賊所餘穀米賑恤災民計賊踞城五閱月蓋全浦幾無完土矣夫浦邑地介三省兵事一興靡不先受鋒鏑然自設縣以來雖當鼎革大亂之時亦未嘗遭屠城之禍蠢爾跳梁乃施此毒手致令二百里碧水丹山菁華剝削殆盡迄今休養生息四十餘年元氣未能盡復秉筆紀之覺此時猶有餘痛也

咸豐十年西鄉永平里民婦姜謝氏一產三男

同治三年齋匪褚惟榮在南鄉孝悌里左道惑衆

煽誘愚民及婦女入會傳教經保甲擒獲解送

知縣趙存銅訊供明確詳請就地正法

同治九年正月城內學前街失愼延燒南門街及

天燈下至棋盤街共燬店屋數百家

同治九年九月大雨雹禾未收者傷十之四五

同治十一年通德里周德明妻徐氏年一百三歲

光緒元年七月新興里三板橋溪石忽現字跡眞

草隸篆大小不一二十餘日始沒

光緒三年五月初四日將午東禮里畲墩村後山

崩村屋半被覆壓男女壓死三十餘人山水陸

發衝拔十數圍古樹漂流數里同時各處水勢
驟漲高二丈餘田廬橋路多被冲塌

光緒四年五月大雨浹旬至二十六日水暴漲高
二丈餘崩塌城垣數十丈南浦橋石墩衝圮其六
五近城西南門外民房衝毀甚多四鄉田園廬
舍橋梁道路毀壞不可勝計人亦有溺死者

光緒四年清湖里高世富妻徐氏年一百歲

光緒十年新興里劉德輝妻徐氏年一百二歲

光緒十一年十一月二十一日戌刻星隕如雨至
丑始定

光緒十三年夏哥老會匪由崇安潛竄入城煽誘愚民分散號布糾集諸無賴約期焚掠居民洶懼知縣梁亨吉嚴整保甲晝夜梭巡匪不得逞遂潛竄船山里之胡塢壠經北鄉聯首詹賢拔吳輝光親率丁壯擒獲匪首吳眉山徐沙哥等送縣續獲匪首章國安馬金標等先後詳請正法餘黨悉平

光緒十六年通德里羅天德妻鄒氏年一百三歲

光緒十九年南門街飯舖豕生豚二首八足

光緒二十三年夏大石里桑田村民婦一產四女

光緒二十四年三月南鄉翁村居民白晝見劉墩山有馬數百匹奔馳山谷漸至途中村人驅數匹入道旁空屋忽不見中惟小蛙數頭

光緒二十四年三月二十九日酉刻大風雨雹四郊麥傷過半北鄉尤甚

光緒二十五年冬十二月初旬大雪浹旬不止山中積雪深至三四尺四鄉民廬間有壓毀者

（清）潘拱辰纂修　（清）黄鑒補遺

# 【康熙】松溪縣志

民國十七年（1928）施樹模活字本

災祥

志備國史之體災祥必書晉唐以來千百年間其

有能使人可以爲修省之具者莫水旱蝗螟氷雹之類若也南唐保大以前松邑未建故志郡即所以志松北宋開寶之後志松實所以詳郡也括載於編亦春秋之意也

晉

太康八年十二月癸卯雷電大雨

唐

大歷二年水災

貞元十二年大水

嗣聖九年蝗

民國戊辰年翻印

宋

至道二年七月大水壞民廬舍萬餘區

天聖四年六月大水詔賜被災家米二石溺死者棺瘞之

寶元元年自正月雨至四月溪水大發壞民田廬溺死者甚衆賜死傷家錢有差無主者官瘞祭之

熙寧元年八月大雷雨黃龍見

建中靖國元年地震福建旱

政和四年八月州境竹米數十萬石

紹興元年十二月大雪深數尺查源洞寇張海作

亂民避兵入山多凍死

二年二月庚寅朔大風雨雹仆屋殺人　三月癸酉大風雨雹如桃李實平地盈尺壞廬舍五千餘所禾麻蔬菓皆損　五月戊申水

紹興十四年五月天中節大水賑之

隆興二年正月地震

乾道四年六月旱

五年七月丁巳山水暴至漂蕩民居死者甚衆

淳熙四年五月庚子大雨三日漂民屋數千賑之

九年冬雨雹

民國戊辰年翻印

十一年旱

十四年旱賑之

十五年冬大水圮民廬

紹興二年水

慶元六年五月庚午大水五日漂民廬害田稼

嘉泰三年七月水害苗稼賑之

開禧元年旱賑之

嘉定十一年旱

十七年秋七月因大水壞民田廬詔賑恤被水貧民

嘉熙四年大旱蝗淳祐元年詔計口給米
淳祐十二年六月大水遣使分行賑卹存問除今
年田租
咸淳十年地震
德祐元年春三月閏中地復大震

元

至元元年饑　大德六年饑　大德七年秋地震
大德八年五月雨雹　十二月丙子地震
至正十九年四月己丑有星墜於山前其聲如雷
化爲石

瑞

永樂十四年七月大水

成化三年六月地震　八月大雨雹

十六年九月有星奔流東北色赤形長尾如炸聲如雷數刻始滅

十九年五月積雨水湧高三丈餘山崩地坼漂民舍一百三十餘家民多溺死田爲破淤者三十八頃有奇

二十一年夏久雨聚落瀕溪者蕩沒無遺

正德元年正月朔正北天裂紅光濶二丈長數十

丈自下而上若捲席然有頭而滅

十六年八月朔日食亭午昏黑如夜天星見鳥宿巢

嘉靖十三年四月大水至南惠政橋沒嶺

三十年五月水浸入城閫限

四十一年四月朔日光摩盪

萬曆元年八月十日地震

五年九月彗星見西方長竟天經旬未滅

六年正月六日夜有大星如日出自西方衆星環聚於西

十七年八月望火焚普濟橋延城南河棟

十八年大旱夏六月不雨至秋九月

十九年縣廨內池生並頭蓮是歲邑人魏濬中鄉榜

二十八年八月地震

三十二年十一月九日松溪壽寧同日地震

三十七年五月雨如傾盆三晝夜城垣半圮漂沒廬舍殆盡

四十一年五月霪雨水漲民廬官舍遂成溪壑

崇禎九年夏大旱郡守發倉賑飢

十六年大旱竹生米村民競取食之 冬譙樓縣

額自墜

甲申之變事詳明史其明年乙酉爲弘光元年即　國朝順治二年又明年丙戌爲監國隆武元年是歲隆武亡　弘光元年曾改松溪爲嵩谿縣　丙戌十一月十四日縣令沈至始稱順治三年

附記　郡志乙酉春正月八日寧遠門哭有武弁巡城詰守者言其狀遣人往啟和門城墻皆哭如女子啼聲　丙戌年正月天晝晦風霾須臾頳紫色大雪雹有重至十餘斤者延平以下皆然又臨江門外火城樓燬建安西垻山崩壓民居數十區大中寺金剛首折府獄中神像出鬚長半寸虎自寧遠門入城

國朝

順治四年五月大水　冬惠政橋火

五年竹生米　九月天晝晦不辨行人

六年大饑米一石價五兩

八年譙樓火

十二年荒米價如六年民多饑死

十八年四月大水漂没民居　虎逾河入城

七月旱

康熙五年九月二十五日寅時地震

七年正月有星長數丈半月始滅

二十五年四月積雨連旬溪水暴漲城墻倒塌田土崩流四境瀰漫遂成澤國編扉作筏以渡老幼號哭之聲聞于遠邇有自廟樓乘桴而出於雉堞

間者松邑雖連遭水患未有甚于是歲者也

三十三年夏虎入城

三十四年冬地震劃然有聲

三十五年大旱水泉竭

三十六年春歲飢

知縣潘拱辰申憲發倉以賑饑民

(清)魏敬中總纂
(清)程鵬里、譚高捷、梁承綸修
(清)洪銳、林澍堅協修

# 【道光】政和縣志

清道光十三年(1833)刻本(抄配)

# 政和縣志卷之十一

## 拾遺志

誌而遺之者何遺其可遺者也遺而拾之者何拾其可拾者也今夫宇宙之奇何所不有齊諧諾皐為志怪之書巵言觚賸亦叢談之助若詭於正亦體物之不可遺者也雖然邑數百年於茲名賢之著述私家之紀載故老之傳聞吾意其所遺者多矣願終拾之可也志拾遺

### 祥異

韋齋既葬親於護國寺側一夜紫藤聯合術者曰此元武神披髮斷劍形也左七星旗足龜蛇而筆架山爲橫案當生元聖素王後韋齋討六溪遂生文公其面有痣如北斗是爲徵應云

東衢里十九都九蓬山下有龍潭焉南宋時蔣粹翁先世嘗家於此山下有牝馬入浴潭中龍與之媾而生駒龍首馬身狀與負河圖者無異有父老語之曰昔仲尼表章六經而麒麟出今晦翁表章四書而龍馬生聖人之瑞也其先人聞之甚喜致養

尤謹後牧放山林中竟失所在粹翁嘗賦詩云千載聖人閩海出喜看龍馬亦騰驤首懸魚目星光燦脊散虎文金線長道統再傳天有意素王重見世應康惜哉靈物山中失漠漠煙林使我傷元達魯花赤真褻齋往觀遺跡留題於粹翁故宅而歸

正統五年本縣民范奴田產嘉禾異畝同穎一莖二穗三穗四穗者凡十餘本見福建通志

# 【民國】政和縣志

錢鴻文、黃體震修　李熙等纂

民國八年(1919)鉛印本

政和縣志卷三

## 大事

治亂興衰之迹何代蔑有政邑民情樸魯平昔耕鑿相安故禍變之生不萌於內而皆啟自外民間即罹叵測之患過後仍各守其業並無揭竿滋事起而妄爲者可見民俗之馴歷千百年如一日唐以前政未升縣事蹟荒遠難稽今就舊志參稽凡事屬非常均撮要以書之惟咸豐戊午粵匪由松竄政民之罹害最劇不得不紀其詳參采曹二公變匪紀畧紀聞兩册並據採訪册摘出而書蓋紀實然也志大事災祥附焉

唐乾符間黃巢亂御史中丞李彥堅與賊戰於政和之高宅不克退

保東溪口及死招討使張謹率偏將郭榮及將校江李曹葛許蔣等與賊戰於鐵山勝之斬賊首數百級後因矢盡無援謹與榮及將校俱死（唐時政和未立縣今由省志并舊志忠烈傳採入）

宋咸平三年始升關隸鎮爲關隸縣析建安之東平高宅長城東衢感化里益之移縣治於感化里東岸口

大觀己丑三年設縣丞

政和乙未五年改關隸縣爲政和縣

丁酉七年朱松來尉政和（政邑爲先賢過化之區始此）

建炎戊申二年裁丞

建炎末寇亂縣署焚

紹興初范汝爲作亂民多避山谷

嘉定戊辰元年十一月丁亥火焚百餘家

嘉定後置主簿一員

元至元癸未二十年（據閩書）建寧路管軍總管黃華叛號頭陀軍屯營於飛鳳山又紅巾賊帥馬某率黨受四等寇政焚英節神祠賊望見祠下盡甲兵大懼宵遁（見舊志飛鳳山及英節廟記）

至正壬午二年置達魯花赤一員謂之監縣

癸未三年置典史一員

戊子八年福安寨寇攻掠政和李鉉與寇戰於洄州橋兵潰被創死彭庭堅奉都元帥吳鐸檄以建新郡復軍平寇留守政和是時

軍士驕橫庭堅御以法堅所部李伯兒輩不能安攻殺庭堅監察御史僉蒸資討伯兒黨悉誅之

庚寅十年發兵入寇縣尉馬哈麻率兵拒戰弗利被執死之（詳忠義傳）

壬辰十二年饑　是年西里寨寇擾亂縣尉葉景仁陞浦城尹奉檄討之軍憊景仁出貲飽士士願爲之死遇賊戰於南里殪其魁餘悉宥之民以安集

癸巳十三年景仁進搗西里巢穴決戰於蛟龍橋屢勝之乘銳深入無援被執死

明洪武戊申元年木溪寨寇猝至闔邑驚走縣署燬

己酉二年置縣丞裁尉

庚戌三年置巡檢司於東里十五都

癸丑六年置教諭一員訓導二員

永樂初縣治主山崩

永樂中歲饑知縣黄裳勸富民輸粟賑貸

正統庚申五年本縣民范奴田產嘉禾異畝同穎一莖二穗三穗四穗者凡十餘本見通志

正統中礦賊作亂人民多避於白雲巖山從方輿採入

正統間邑饑知縣江顯勸殷戶出粟賑貸時天下大歉邑人王鎮楊相吳伯超輸穀千石詔獎義民

景泰壬申三年寇陷城縣署燬見舊志

乙亥六年析縣之南里十都北里十一十二都東里十三十四十五都地置壽甯縣

天順戊寅二年邑遭火學宮燬

成化乙未十一年饑邑人王窗發粟二百石賑之

甲辰二十年夏大水星溪橋衝決

弘治戊申元年處州流賊突至刼掠倉藏知縣柴曦築土牆爲備禦計見舊志

弘治時礦賊變奉部符築造磚城以防寇盜見舊志並參考方輿

嘉靖間浙江坑虜入境閩感化里有善良范敬者遂斂手遁去壬戌四十一年十二月二十七日倭寇攻城知縣周尙友督民堅守

四十日援兵不至城陷死之全家皆歿縣丞徐九經同死節城中男婦屠戮一空

隆慶戊辰二年裁主簿及訓導二人

萬曆丙子四年知縣張應岡申檄請城改移半山

丁丑五年知縣覃文盛行條鞭法請免清丈民受其賜

崇禎丙子九年大饑竹生米

辛巳十四年寇攻政政人擒其渠帥祝朝邱等八十餘人見舊志

節廟碑銘

清順治丁亥四年十一月山寇陷城知縣沈孚建縣丞孫克孝邑紳宋德遠死之見舊志

戊子五年置守備一員把總一員

辛丑十八年大水城垛沿溪傾圮

康熙甲辰三年知縣馬之彥修沿溪城垛

乙巳四年裁教諭

甲寅十三年耿黨敗走寧德楊後魏屯一帶民驚竄是時山寇乘間竊發見舊志宦蹟孝友

丙辰十五年寇陷城文廟縣署皆燬見舊志

癸亥二十二年設教諭

辛未三十年古田寇竊發刼掠村落

甲申四十三年裁縣丞

雍正乙卯十三年置千總一員外委一員守備調駐郡城

乾隆丁已二年大水

甲子九年六七月饑知縣李藩平糶

戊辰十三年移巡檢司於下庄

辛已二十六年五月大水城圮

辛卯三十六年東常市火

辛丑四十六年疫

甲辰四十九年饑

辛亥五十六年大水星溪橋衝塌

嘉慶戊辰十三年七月初七日河水暴漲城垣衝塌

壬申十七年饑教諭徐家璠勸邑紳設局平糶

甲戌十九年大水

道光癸未三年五月二十四日大雨黄熊山内洪水暴注城中淹斃男婦十二人冲傾房屋棺漂尸流

癸巳十三年巡檢司改駐魏屯

丙申十六年大旱饑

己亥十九年縣署火知縣葉之鈞重建

咸豐辛亥元年五月十三日大水沿溪居民遭冲流　是月初三夜西里十七都楊源村雷雨驟至山崩水漲淹斃一百九十餘人民屋蕩去過半

丁巳七年地震

戊午八年三月初一日粵匪由松寇政城陷知縣馬驥棄城走民多遺戮典史某名未詳被執　先是賊密遣其黨數十人入城以為內應至是城陷其渠魁楊國宗雄天豫踞之擄掠屠戮全邑蹂躪幾徧修築城垣從西門宮湖嶝橋起至松邑賊營絡繹不絕

初二日東平鄉兵與賊戰於松轄杉溪聯首曹建封等死之初十日再戰聯首陳啓元等死之先後陣亡三百八十三人　東平里與松溪較近全里逕聯丁上守松之杉溪下守政之西津本日該里五十六鄉聯五千餘丁由松轄杉溪進勦松匪初仗大勝斃賊三百餘人燬賊營十餘座追殺賊目五斃馬匹三後因賊伏兵齊

出圍困杉溪橋斷陣亡一百九十二人曹建封戰於杉溪之白毛嶺師潰無援與張立綱宋人釗等均死後宋人鏡豐耿光等以初二杉溪之敗又率本里聯丁及甌轄崇溪西鄉壯丁共八千餘人於初十日分水陸進剿再入松境燒燬賊營九座殺賊至數百人大戰半日銃傷賊匪五六百是日陣亡者東平里聯首陳啟元等一百零九人甌轄紫溪里生員施作霖等三十六人西鄉里軍功八品蘇智湖等四十六人厥後東平得以守禦保全者此兩戰之力也

初五六日髮匪自據縣城後四出刦掠南里嶺下八都一帶編聯保甲戶出丁一名分派守險東在銅羅嶺墳南在池棟嶺亭北在

雙峰頂古名板担壇西在大堝嶺古名斷骨嶺分紮防禦人心頗固乏食有雲騎尉周攀滿以所存穀五倉二厫開放濟餉乃得堅持

初七日福寧總鎮池建功帥師駐守南里籌嶺　自城陷後賊巡探至五里林屯目兵陳高榮甲長張光增糾衆誘殺二賊賊大隊入寶岱村張方有等拋石塞路槍斃賊十人擒殺四人從此下池嶺屯各村聯首聯南鄉寶岱等村在池棟前後築隘守禦以巡檢梁儒珍爲監督池建功以籌嶺爲福甯入政要隘率師駐守與池棟互相援應

十四日統帶水師道員陳維漢帥師到政與賊戰勝之　維漢奉

檄收復松政帶廣勇紮駐松轄杉溪及邑轄西津

四月初一日邵屯聯董尹世封林繁露林新芳等帶鄉兵會合官兵與賊戰於官湖殺賊甚衆官兵亦有傷亡聯丁陣亡七人　世封聯邵屯各村鄉兵守倪屯桐嶺自三月初五日與賊接戰敗績林國貞等十人陣亡後屢與賊戰至是勝之

初六日遊擊袁良帶兵由南路九龍岡到政　翌日賊聞袁兵遠來圖以逸攻勞袁兵一戰大勝後賊見袁兵卽退

十四日遊擊董聯輝縣丞江右陳某典史劉其鍾與賊戰於白亭（白亭在官湖下桐嶺上）被執皆不屈死同死者有外委旗牌七人　初劉其鍾於三月間管帶募勇二百名至西津進紮邵屯遊擊董聯輝縣

丞陳某亦各以一軍進紮是地而統帶廣勇道員陳維漢遊擊袁艮均駐紮松轄杉溪至是因白亭之敗袁軍奉檄調駐邵屯二十五日紮駐東峰運江營管帶葉某聯合魏屯等村鄉兵與賊大戰於東峰次日又戰於東峰炭坑橋

五月十四日鄉兵會合官兵擊賊於官湖追至槐嶺復戰敗績千總鄧文輝死之　是日邵屯尹世封率聯丁數千詣陳維漢營請進兵勦賊合官兵攻入賊陣賊死極多官湖路上屍積血流聯丁止陣亡一人賊敗走渡頭洋避入杉溪適石門后鄉兵與賊戰槐嶺二十六牽殺賊十二人合官兵再戰殺賊三十餘人鄧文輝欲收隊鄉兵請乘勝追擊賊以殘敗之衆半上大湍峽截路半由杉

溪峽夾攻鄉兵官兵均遯山而逃聯丁陳子龍等七人陣亡把總
某被創幾死幸聯丁救免賊回攻郤屯長城石門后等處大肆
殺掠焚燬民房百餘家
二十日賊遣黨數千入南鄉由林屯至廂口一路遭焚殺者九村
二十一日地洋村擄殺尤甚
六月初六日東路下池魏屯洋后三村連陷　是日下池某通賊
賊千餘五更突入下池次及魏屯再及洋后魏屯洋后民房燒燬
殆盡聯首楊檀斌之父清琳及書記聯丁等與賊力戰死魏屯繆
道成被殺屍焚賊探知籌續路險不敢深入一戰即退二十五二
十六日官兵擊賊屢敗之二十七二十八日賊聞僞翼王石達開

將臨別圖竄擾遂漸退二十九日悉遁
七月初一日知縣楊國榮由西津入城出示安民　福甯總鎮池
建功遊戎袁良道員陳維漢連江營管帶葉某等陸續入城安紮
初九日僞翼王石達開率衆攻城不克圍之　是日黎明賊擁至
紳董宋士琛率聯丁堵塞水門袁良池建功各帥所部先後出城
與賊大戰於南教場未刻始收隊申刻縣丞方晉德率興化勇五
百名至官軍衝圍出迎賊大隊復合鏖戰久之賊死傷甚衆是夕
賊復攻城内外砲聲震天四更始輟次早攻益急城内諸軍共得
三千七百人城堞猶不能滿知縣楊國榮命士琛令百姓實之賊
由狀元峰及松城射火箭城内火起人心慌亂都司練青率興化

勇五百名來援破圍入城賊攻之愈力十一日袁至縣署對楊國榮哭曰賊勢愈戰愈橫爲之奈何亟命士探縋城出採米接濟至十三日賊退圍始解是役也袁池諸軍守禦極力袁屬千總張聯奎晝夜巡城催督進戰無稍懈王長鳳帶韶安勇三百名亦輪出擊賊方音德鍊青帶勇先後破圍入援致邑城大如斗受猛寇圍攻數月而得以保全無恙者實賴諸軍之力事詳宋士杰遭困三月紀

初十日聯首陳瑞霖等率鄉兵敗賊於馬鼻嶺　先日陳瑞霖被圍城內越城由熊山背走樂坑過馬鼻嶺回東路聯絡三十二村共集聯丁八九千人自帶乾糧防堵馬鼻嶺鶴都嶺要隘里人吳喬忠同魏如棠召集武溪楊梅林附近各鄉聯丁將往松境東關

里禦賊亦召回救邑城並遣聯丁守馬鼻嶺以防粵匪由松入政

是日賊由松溪東關過馬鼻嶺聯丁設伏擊退廖顯芳等十人最爲得力發號施令者吳裔忠而首倡則陳瑞霖也

十一日各路聯丁會合官兵擊賊勝之　東平邵屯石門寶岱東峰等處聯丁會合官兵分路擊賊賊敗西路聯丁獻賊首級十餘顆東路聯丁殺賊二十餘人南鄉聯丁殺賊五人東平聯丁繞道由松境入政夾攻殺賊二十餘人均赴官營獻功池令慰勞備至由是賊屢敗不敢攻城亦未遽退

十三日袁艮帥師大會鄉兵破賊於西門渡頭等處賊渡河進攻浙山隘　是日袁率軍擊賊勝之胡屯聯兵伏在西門渡頭截殺

鳳林聯丁引賊上山大戰伏兵齊出殺斃生擒不計其數並燒賊營四座陳瑞霖請袁乘勝追擊賊奔至長城鄉兵四出截殺尹世封伏兵殺賊尤多賊逃慈口新廠一帶渡河上舖前進攻浙山隘被東平鄉兵於隘口炮擊四十餘賊西津官兵同時夾攻賊死百餘屍滿河內復分股間道越浙山由黃墩南山包圍浙山隘守隘聯兵首尾受敵以致大敗遺賊屍數二十一人餘逃散賊破浙山焚掠黃墩界口范屯欲攻東平幸聯丁效力死守遂由黃墩過界溪越逃奴嶺入建甌境東平鄉兵又追殺賊百餘生擒三十餘賊悉殺之

十四日賊由水吉遁去　自破隘後賊漸引退至十六始退盡是

日城西南門外民房均被燬三日始熄

同治乙丑四年夏大饑

己巳八年城治前火

庚午九年夏大旱田禾枯槁

壬申十一年東常市火

光緒丁丑三年五月初三日大水初五日又大水湧上星溪橋沿溪田地民房被流蕩

己卯五年七月十九日西里楊源村火

丙戌十二年三月城東分司坪火

丁亥十三年九月東關外水槽上火

己丑十五年十二月城東盧家　火

甲午二十年東常市火

庚子二十六年六月初一日大水

癸卯二十九年邵屯村火

甲辰三十年九月二十一日石門后火

丙午三十二年九月二十七日護田村火

宣統己酉元年七月十九日大水沿溪民房遭淹沒

庚戌二年四月二十三夜慧星現西北界尾射東南界

辛亥三年五月東和學堂菊花開

九月福建光復政和奉檄而定　是年八月十五日革命軍首領

黎元洪起義於武昌各省響應至是福建光復政和奉閩軍政府

傳檄而定四民安堵如故旋奉令須用五色國旗行陽歷

中華民國壬子元年二月雨雹大如卵傷毀民居無數

三月改知縣爲知事

裁教諭訓導

裁巡檢

裁典史置管獄員

十月裁綠營

癸丑二年夏大饑由殷戶集欵買運海米接濟

五月置幇審員

甲寅三年設警備隊　置隊長一員警兵三十名
丙辰五年夏節有許莫多等假護國軍名義率衆自屏邑來政擁入縣署奪警備隊及保衛團軍械勒索洋銀數千元經宿而退
丁巳六年三月地震
戊午七年二月地震
三月十九日黎明有建轄水北及屏南土匪百餘人猛攻縣署隊長徐紹德督警禦之擊斃數人匪遁知事某初逃匿後乃出四月屏轄匪徒引古田藍匪數百人攻至西里楊源村排長胡桂芳率隊擊之不克楊源民房被匪焚燬胡兵駐守坂頭
二十六日土匪張元順率衆攻鋪前鹽埠

七月高匪聚衆刼掠由南里入感化鄉知事黄體震遣臨時警備隊長魏鍾俊率隊會合聯丁擊散之

冬十月疫　邑民死者甚衆

十一月匪張元順率衆攻東平里界溪村民房被燬聯甲局董陳鴻恩殉難松政會兵攻之匪聞官軍至即退

省議員魏象新民國戊午匪亂紀政和自咸豐戊午髮匪蹂躪後地方相安六十年民國二年歲饑匪徒聚衆刼掠經知事李熙親督兵隊剿辦一鼓而平五年六月有許顛多猝入縣搶之然不過勒令知事輸款三千而已與民無犯南北爭起土匪竊發七年戊午有鄭匪率衆三百餘人於三月十九日卯刻由南門入前驅百人直攻縣署隊長徐紹德督警擊戰斃匪數名匪退盤踞屏政交界之地時巡防軍調郡兵力單薄象新過因省議會閉會在籍隨與縣長錢鴻文邑紳宋秉和楊行方陳筱用張沛恩述吾范振綱曹兆奎魏鍾吾秦兆昌等會議招募臨時警兵遴派魏鍾俊李聯昇爲隊長並將匪情分別函致李督軍蔡道尹蒙准分飭會勦

巡防軍排長胡桂芳仍回政邑人心稍定特以錢知事交卸在即未經進剿匪黨竟竄入本邑西里地方紳董藥繁與象新計議回西里召集力守四月匪擾西里筠竹坑等村楊源張旭光在茶坑督聯力戰斃匪二追至富竹坪而匪復擾南路東衛鄉所至淫掠新任知事黃體裳既至象新隨上書痛陳匪患倡辦城鄉八區聯甲各區舉聯甲總董局董分任指揮守禦之責設聯甲事務所於縣城以象新綜理之是時匪黨圖攻後寶岱村以爲巢穴總董魏開來急切謀於象新特請兵隊會聯防禦匪奔大要由山崗入北坑局董朱鳳翔范守春吳贊周等會合筠竹坑黃壩大嬰等村聯丁六百餘人奮擊大破之臨時警備隊長魏鍾俊督隊前往會鄉途次執値探悉之匪副首逃隨南路后半山被擒交由魏鍾俊帶案局董朱鳳翔等亦獲逃匪二名由縣電請憲令速前匪鎗斃之南路悉平既而古田墟匪大股進追西里楊源村校長張沛恩聞耗請於縣由發鍾俊督隊援數未至五月四日局董張旭光陳雲翔等大會坂頭縣丁二千六百餘人與該股戰於黃淡坑之胡坵洋頭不利駐丁張大熊死之該股知有援暫引退鍾俊同邑匪復攻楊源擄之總董陳章炎飛報到縣隨派胡排長督隊直攻楊源不克退入坂頭村該股焚燒楊源退據屏[illegible]嶺下西里各村聯丁日夜輪流守險備極艱苦而該股復致書於坂頭聯甲局通令繳械否則急備迎戰事急總董陳章炎全局董張作霖舒聲堯陳良

才等漏夜奔邑請援幸縣請派巡防二排適至象新商縣及陳璋炎宋汞和揚行方魏鍾晉等請密約屏南備德知事訂期派兵會剿黃知事如議遣張劉胡三排長督率大隊會聯進攻屏邑如期派兵接應該股知諸軍並進不戰而退西里悉平方西里軍務吃緊之際有高匪在南里之北嚴寺結黨起事知事以全力顧西里該匪遂由南里寨面等村蔓延感化鄉局董范懋烈請派魏鍾俊率隊往擊大坪等村聯丁魚貫而來慶邑兵隊亦至匪黨背道而走被慶兵捉獲數名東路聯丁亦擒獲匪副首一名於嶺腰村就地鎗斃之東路悉平旋有張匪聚衆攻刦西津鹽埠被擊而散嗣因巡防隊之雙排長胡桂芳幾死於非命地方多故迄無甯日迨何排長率委駐防來政西里連山之薛匪經局董吳贊周范守春等請兵會聯擊斃之平治未久東平里匪氛又熾前刦鹽埠之張匪復率衆佔據里之南禪菴進窺東常市人心大慌總董宋衍緒乘夜來邑請遣兵隊進攻何排長率兵往匪竟奔逃猶復刦掠附近建歐地方十一月十九日突率衆百餘人攻陷里之界溪村焚燒房屋百餘欄局董陳鴻恩及聯丁數人均被害政松兩邑會剿之西路悉平東平地接建甌匪黨出沒無常總董宋衍緒等自聯甲開辦以來籌集經費添招警兵又躬履建郡購領鎗械種種計謀防患未嘗不周乃竟有界溪之禍豈數之不可逃耶政邑自去年三月發生土匪警告幾遍全邑而西里城區南路東路及東平

之界溪村爲害尤烈人民流離痛苦不可言狀誠政邑數十載來未有之奇變象新以大義所在出而舉辦聯甲受任於危難之際艱險萬狀原爲桑梓服務何敢自矜功勞特念遭害之區聯甲總董局董之成績卓著及壯丁兵隊之銜敵陷陣殉難死節其義烈誠雖泯沒茲者大亂削平邑乘重修所有去年匪亂經過事實允宜博採彙編特就見聞所及據事直書間有遺漏謬誤之處務乞諸君子更而正之

# 【康熙】南平縣志

（清）朱夔、文國繡修　（清）鄒廷機、翁兆行纂

清康熙五十八年（1719）刻本

南平縣誌卷之四　方輿誌

祥異

宋

太平興國七年七月溪水暴漲壞民居一百四十餘家

至道三年民劉相妻産三男

景德四年六月山水汎漲漂溺居人

乾興元年麥一本五穗

天聖四年六月丁亥大水壞官民廬舍千餘區溺

死者百餘人詔賜被災家米二石溺死者官瘞

之

九月壬申雨水壞民居

皇祐四年九月禾一本雙莖十二穗

元豐元年五月木連理

元符元年禾一莖九穗

隆興二年正月地震

乾道六年夏旱

淳熙四年庚子大水至於壬寅漂民廬千餘家

十六年九月災民居存者無幾

紹興二年四月霪雨至於五月

慶元六年五月大水自庚午至甲戌漂民廬損苗

稼

嘉泰二年六月連雨至於七月大風雨水害苗稼

無算圮廬舍共三百五十餘家溺死者衆

嘉定十七年五月大水圮郡治城樓獄舍官廨民

居男婦避水樓上者皆死七月丁酉朔朝命福

建路監司賑之

淳祐十二年六月辛丑大水冒城郭漂沒室廬死者甚衆是日嚴信衢婺台處建劍邵九郡皆大水人民死者萬數徐清叟奏曰唐五行志取財過度則陰失其節而水溢倉庫國課所入未免爭直取贏而商賈告病此水之所由應也漢關中大水翼奉以爲親舅后之故今宜少抑宦官戚畹庶可以回天意帝即日命學士院降詔罪己命諸軍計院師輿等往建邵南劍等郡賑䘏仍蠲九郡苗米

元

至正四年夏秋大疫

六年八月巳巳災燬官民居八百餘家死者五
人

明

永樂十四年夏霪雨七月既望大水入城城中地
勢惟靈祐廟最高水没正殿僅餘鴟吻波浪洴
湃民居物產蕩然無存溺死人數不可勝計

成化十一年自四月不雨至十二月赤地彌望人

民艱食秋大疫

二十一年霪雨自三月至閏四月溪水泛漲高十餘丈舟楫由城上往來經旬火退五月初水再作視前加丈許越五日漸退損田稼壞室廬瀕溪民居物產漂蕩尤甚

十一月巳未夜廣豐倉火燬倉之支櫝并廒八椆延及預備倉米穀

二十三年八月甲戌夜災燬四鶴西水二城門樓并公署民廬佛寺凡千餘區

正統十四年二月沙寇鄧茂七率衆攻城與官軍戰於水南爲亂兵所殺賊平

弘治十一年七月望縣吏舍灾燬縣治及儒學城隍廟民居直抵四鶴門計千餘區分守道王琳檄知縣陸嵩賑卹

十二年正月大雨連綿至四月終方止境內山多崩頹田遭衝蕩廬舍橋梁漂流人遭覆壓有死者自五月不雨至於十二月禾稼薄收民多饑餒守巡藩臬聞於朝命有司賑卹死者之家

入給米一石先是已免民稅十之二至是又免四分是爲十之六

正德四年八月災燬公署民廬佛寺七百餘區有司賑之

十二年九月災燬衛署城樓軍民屋宇自通衢以及軍營凡九千五百區有司賑之

十六年十月災燬鐘津門及軍民廬舍數千餘區有司賑之

嘉靖四年二月雨雹

十四年五月十四日夜西溪大水逆流東溪水浸至八角樓板不沒者三尺壞民廬甚衆

二十四年十月十七日夜有星自西流大如斗墜地聲聞百里是歲大疫死者萬計

二十七年六月二十日夜縣東南吉溪等鄉北連建安凡百餘里大水驟至平衢蕩爲湖陂深踰尋丈光燿照目近溪民廬漂沒不可勝計溺死者衆

三十年十二月二十九日夜灾燬官署民居數

千間自東北街至西南街經晨不滅有司賑之

三十五年夏大饑斗米至七十錢秋大疫死者無數知府彭澄發倉穀賑之是年倚爲災民間訛言有海騮精狀如螢着人衣裾必死城中并各鄉家擊金鼓如防盜賊徹夜不眠數道士鬻符於市曰此足以治怪也有司疑即彼所爲尋捕之將處以法道士逃去怪亦息

隆慶三年十二月災燬左三巷坊軍民廬四百餘家及延福門城樓劍浦驛有司賑之

六年正月二十日灾燬天河邊坊軍民廬二百

二十餘家

萬曆元年六月二十九日午時郡儒學對山五色

雲見移時不散是年登科者三人

二年八月初四日地震有聲

閏十二月十二日灾燬鈇像堂坊軍民廬三百

餘家及延福門城樓有司賑之

三年五月霪雨不止至初五日酉時大水入城

二丈餘漂流西郊外及水南水東等處民居二

百餘家溺死者不可勝計是年大饑有司賑之
四年十二月三十日灾燬西門四鶴橋坊民居
一百餘家拆毀城樓并縣學官舍一座
六年五月大水入城丈餘漂流民居數十家巡
撫劉思問禱於城隍是日雨止水退
十二月二十六日灾燬開平坊民廬百餘家及
府堂左吏廨拆毀公署數座
按延城崎嶇狹隘居民櫛密屢罹火患萬曆三
年郡守林梓憫民困苦令坊民吳保一二徐祉李
鎰許曆藍襄福等議置銀兩買地砌墻七座然
墻猶未週也萬曆六年冬復遣火患郡守管大

勸捐俸增築不足者侃二祐鐵等諭屋主輩助
拓基又成二座總爲九座火患少免郡守易可
久思前人用心之密閱時久遠或多更變墻
之基地必有侵沒者准坊民呈錄之於誌

火墻共九座

府前坊一　開平坊三

鐵像堂坊一　三魁坊一

威武樓坊一　中和坊一今圯

紫芝嶺坊一

八年十一月四日灾燬縣治儀門及吏戶禮房

吏廨并縣文牘

十年五月四日大水入城近丈漂流水南東民廬二十餘家

十一年十月十五日災燬水東民廬百餘家

十三年冬府治前災燬至四鶴門止

十九年春疫民間傳染不相往來

九月十八日鐵爐坑坊災

二十二年荒斗米一錢五分軍民苦之知府聞金和推官余詔多方議賑

三十二年謝屯人吳建居南順䫻寧之界以白

遁殺惑衆誘聚千餘人搖動地方都督朱檄官兵擒之餘黨始散

十一月初九日戌時地震屋瓦有聲虎傷人不可勝計有司設法捕獲至三十四年始息

三十五年縣學前灾燬民房甚多

三十七年五月初六日未時地震二十五年大水入城二十八日方退水漸雉堞之上漂流官民屋宇溺死男婦甚衆

冬鐔津坊灾

三十八年西郊馬坑橋坊災
四十年正月七日大雷電雨雹
四十一年晏公廟坊災燬民廬二百餘家有司
計戶賑恤
四十三年八月十七日府治前災燬民廬上至
西門下至火墻計百五十餘家有司賑之
四十四年五月初四日大水冒城漲至府前初
五日退初六日復漲加二丈自西門至東門壞
民舍不可勝計初七日酒務巷坊災

四十五年五月十一日日下有紅綠暈圍遶歷

六日方鮮

泰昌元年禾一莖三穗是年大豐

天啓二年四月十一日大風雨雹自北徂西數十

里民居屋瓦皆飛

五年十一月府治前灾燬民廬

七年五月二十三日雷震南平縣門時避兩門

下者震斃三人

崇禎元年饑斗米二錢民艱於食知縣吳襄發穀

賑之令富户計口平糴

六年十一月初七日晏公廟坊灾燬民居百餘家

八年七月初六日巳時灾燬府前坊民居及西南延福小水四門城樓各公署劍浦驛神祠廟宇共十四坊計三千餘家知縣王道焜拜禱次日卯時方熄隨發賑難民復捐金三十兩築威武樓坊火墻一广以禦後患

九年四月饑斗米二錢五分知縣王道焜令富

戶計口平糶

九月二十三夜府治前災燬民廬百餘家

十二年梅平州賊起調南營兵勦之

十三年五月霪雨不止至十六七日四鄉山崩

地裂

國朝

順治元年

二年唐藩入閩

二月初八日大風雨雹屋瓦皆飛

三年正月十二日雨雹大者如拳小者如弹

八月十八日

大兵入閩關二十二日隆武由延奔汀

四年二月初六日地震屋瓦有聲

四月霪雨不止

五月大水山崩田塌漂流民居物産不可勝計

進賢坊地沉深二丈廣十三丈餘壞民廬十五

欄西郊後山裂闊六尺深數丈

五年八月南庠丁祭日學宮對山五色雲見

六年四月十九日災燬開平鐵像二坊民廬二二百餘家

八年四月虎入城爪傷五人兵民圍逐潛城東溪草中守捕至夜不知何往

十二月二十六日子夜地震劍潭水躍起數丈有異聲

十年至十四年郡邑虎患甚多時或入城傷人不可勝計

十一年梅山地鳴聲如水沸城北隅皆然移時

而止是年大饑斗米五錢六分

十四年正月至三月不雨秋禾半收

十六年七月初一日雷擊酒務巷王光器屋

十一月十二日酉時地震

康熙四年四月不雨至於八月

六年九月九日灾燬鐵像堂及威武坊民居近

千餘家

十三年三月十五日靖南王耿精忠叛全閩俱

陷擄勒兵餉民不聊生

十五年九月十二日
康親王入延平耿逆降
九月西郊外灾燬民廬數百家延及學宫燬櫓
十八年秋八月黄昏天河水鳴是月灾燬鐵像
堂坊民廬百餘家
十九年十一月彗星見於西方初如疋練長竟
天三旬後漸滅
十二月延福門城樓灾
二十七年三月初三日縣内署灾

三十三年九月二十八日災延燒七坊計民廬一千六百餘區百角樓燬

三十五年自二月不雨至於五月米價騰湧斗米錢百八十文知縣陳兆聲開倉平糶設粥賑饑民甚賴之

四月初八日西郊外災燬民廬數百家

三十六年饑知縣陳兆聲復設粥平糶以賑之

九月廣積倉坊災

四十年十二月二十三日威武坊災燬民居百

餘家

四十四年二月初九日災燬麻武中和二坊民

廬二百餘家

四十六年五月二十三日大水入城丈餘民多

賃舟以避壞民廬舍甚多

四十八年五月日雷震縣堂左柱

五十年三月協鎮署災

九月十一日子夜地震瓦屋有聲

五十一年三月初三日東門外災燬民居百餘

家

五十四年八月初三日未刻雷擊普通嶺羅氏婦

五十五年夏縣西北峽陽里諸鄉大疫

五十五年十二月災燬左三巷坊民居九十餘家知府任宗延賑之

五十六年二月延福門城楼災

五十七年四月二十九日府治前災燬民廬二百餘家延及府大門譙楼司獄廨舍南門城楼

巡道劉冲知府任宗延通判楊毓徒知[illegible]

各賑給有差

南平縣誌卷之四終

吳栻等修　蔡建賢纂

# 【民國】南平縣志

民國十七年(1928)鉛印本

災祥附

宋

太平興國七年七月溪水暴漲壞民居一百四十餘家

至道三年民劉相妻一產三男

景德四年六月山水汎漲漂溺民居無算

乾興元年麥一本五穗

天聖四年六月丁亥大水壞官民廬舍千餘區溺死者百餘人詔

賜被災家米二石溺死者官瘞之九月壬申雨水壞民居

皇祐四年九月禾一本雙莖十二穗

元豐元年五月木連理

元符元年禾一莖九穗

隆興二年正月地震

隆道六年夏旱

淳熙四年五月庚子大水至於壬寅漂民廬千餘家十六年九月
大火燬民居存者無幾

紹熙二年四月霪雨至於五月

慶元六年五月大水自庚午至甲戌漂民廬害稼

嘉泰二年六月連雨至於七月大風雨水害苗稼無算圮廬舍共
三百五十家溺死者衆

嘉定十七年五月大水圮郡治城樓獄舍官廨民居戹避水樓上

者皆死朝命福建路監司賑之

淳祐十二年六月辛丑大水冒城郭漂沒室廬死者甚衆是日嚴信衢婺壽處建劍邵九郡皆大水人民死者萬數餘清吏奏曰唐五行志取財過度則陰失其節而水入倉庫國課所入未免爭直取贏而商賈告病此水之所由應也漢關中大水龔奉以爲親舅后之故今宜少抑宦官戚畹庶可以回天意帝即日命學士院降詔罪己命諸軍計院師與等往建邵南劍等郡賑郵仍蠲九郡苗米

## 元

至正四年夏秋大疫

六年八月己巳災燬官舍民居八百餘家死者五人

明

永樂十四年夏霪雨七月既望大水入城城中地勢唯靈祐廟最高水沒正殿僅餘鴟吻波浪澎湃民居物產蕩然無存溺死人數不可勝計

宣德六年四月水張漂流民居

成化十一年自四月不雨至十二月赤地彌望人民艱食秋大疫

成化二十一年霪雨自三月至閏四月溪水泛漲高十餘丈舟楫由城上往來經旬少退五月初水再作視前加丈許越五日漸退損田稼壞宅廬瀕溪民居物產漂蕩尤甚

十一月已未夜廣豐倉火燬八間延及預備倉米穀文牘盡燬

三十二年八月甲戌夜災燬四鶴西水二城門樓並公署民廬

佛寺凡千餘區

洪治十一年七月望縣吏舍災燬縣治及儒學城隍廟民居直抵

四鶴門計千餘區守道王琳檄知縣陸嵩賑䘏

十二年正月大雨連綿至四月終方止境內山多崩頹田遭衝

蕩廬舍橋梁漂流人遭覆壓有死者自五月不雨至於十一月

禾稼薄收民多饑饉守巡藩臬聞於朝命有司賑䘏死者之家

人給米一石先是有詔已免民稅十二至是又免四分是爲十

之六

正德四年八月災燬公署民廬佛寺七百餘區有司賑之

十二年九月災燬衞署城樓軍民屋宇自通衢以及軍營凡九千五百區有司賑之

嘉靖四年二月雨雹

十一年彗星見西方

十四年五月十四夜西溪大水逆流東溪水浸至八尺樓板不沒者三尺壞民廬甚衆

二十四年十月十七日夜有星自西流大如斗墜地聲聞百里

是歲大疫死者萬計

二十七年六月三十日夜縣東南吉溪等鄉北連建安凡百餘

里大水驟至平衢蕩爲湖陂深踰尋丈水中光耀照目近溪民廬漂沒不可勝計溺死者衆

三十年十二年二十九日夜災燬官署民居數千間自東北街至西南街經晨不滅有司賑之

三十四年五月初二日溪水暴漲傍岸壖地多崩邑令張燾作洚水賦云六月既晦斗建西方洚水暴至居民孔傷倉卒中夜蕩蕩懷襄寢者方夢水驚臥床呱呱子女乃戀爺娘牽裳負提淪胥以亡亦有逝者陟陂高岡返視舊址宛在中央朱樓華棟魚遊上梁爾家我室徹彼北牆塒無雞犬棲去牛羊巨石轉窀危峰墮江芃芃禾黍砂礫其塲萬畝一頃漫無四疆瞿瞿父老

相對悽惶百有餘載罕覯此殃予也弗職弭召災祥寤言不寐食也徬徨嗟爾衆庶自滌肺腸凡以告我以匡弗臧吉凶消息天道之常順時養晦惟吾自强循吏有傳善人有章庶幾交警以對上蒼

三十五年夏大饑斗米至七十餘錢秋大疫死者無數知府彭澄發倉穀賑之是年眚爲災民間訛言有海騮禍狀如螢着人衣裙必死城中並各鄉家擊金鼓如防盜賊徹夜不眠有道士數人鬻符於市曰此足以治怪也有司疑卽彼所爲捕之將處以法道士遁去怪亦息

隆慶三年十二月災燬左三巷坊軍民廬四百餘家及延福門劍

浦驛有司賑之

六年正月二十日災燬天河邊坊軍民廬二百二十餘家

萬曆元年六月二十九日午時郡儒學對山五色雲見移時不散

是年登科者三人

二年八月初四日自未至申地震有聲

閏十二月十二日灾燬鐵像堂坊軍民廬三百餘家及延福門城樓有司賑之

三年五月初五日大水入城二丈餘漂流西郊外及水南水東等處民居二百餘家溺死者不可勝計是年大饑有司賑之

四年十二月三十日灾燬西門西鶴橋坊民居一百餘家拆毀

城樓並縣學官舍一座

六年五月大水入城丈餘漂流民居數十家巡撫劉思問禱於城隍是日雨止水退十二月二十六日灾燬開平坊民廬百餘家及府堂左吏廨拆毀公署數座按延城崎嶇狹隘民居稠密屢罹火患萬曆三年郡守林梓憫民困苦令民吳偘偘徐祐李鑑許歷藍襄福等議置鍰兩買地砌墻七座然墻猶未遍也萬曆六年冬復遭火患郡守管大勳捐俸增築不足者偘偘祐鑑等議屋主量助拓基又成二座總爲九座火患少免郡守易可久思前人用心之密閱時久遠或多更變墻之地基必有侵沒者准坊民呈錄之於誌

火墻共九座

府前坊一　開平坊三

鐵像堂坊一　三魁坊一

威武樓坊一　中和坊一

歷來火災延燒甚廣顯設高墻以斷火路乾隆十九年左三巷鐵像堂坊災保長翁永鏊稟官出示勸民捐築火墻銀捐地讓

紫芝績坊一

墻竟未築以致復災竊意民居稠密之處皆宜建築不可緩也又城中每坊向俱設有冷舖以值緝竊盜及放火之人亦設水桶鈎鐮救火之具又謂水舖今值緝不設水舖或改建或空曠救火之具或有或無思患預防似不嫌於周密也

八年十一月四日灾燬縣治儀門及吏戶禮房吏廨並縣文牘

十年五月四日大水入城近丈漂流水南水東民廬二十餘家

十三年冬府治前灾燬至四鶴門止

十五年八月十六日新建南平儒學有童子持芝獻瑞復於故處得紫色金色玉色芝各數本

十九年春疫民間傳染不相往來　九月十八日鐵爐坑坊灾

二十二年荒斗米一錢五分軍民苦之知府聞金和推官余詔多方議賑

三十二年十一月初九日戌時地震屋瓦有聲虎傷人不可勝計有司設法捕獲至三十四年始息

三十五年縣學前灾燬民房甚多

三十七年五月初六日未時地震二十五日大水入城二十八日方退水滿雉堞之上漂流官民屋宇溺死者甚衆　冬鐔津坊灾

三十八年西郊馬坑橋坊災

四十年正月七日大雷電雨雹

四十一年晏公廟坊灾燬民廬二百餘家有司計戶賑恤

四十三年八月十七日府治前灾燬民屋上至西門下至火墻

計百五十餘家有司賑之

四十四年五月初四日大水冒城漲至府前初五日退初六日

復漲加二丈自西門至東門壞民舍不可勝計初七日酒務巷

坊灾

四十五年五月十一日日下有紅綠暈圍繞曆六日方解

泰昌元年禾一莖三穗大有年

天啟二年四月十一日大風雨雹自北徂西四十里民居屋瓦皆飛

五年十一月府治灾燬民廬

七年五月二十三日雷震南平縣門震斃三人

崇正元年饑斗米二錢知縣吳襄發粟賑之令富戶計口平糶

六年十一月初七日晏公廟坊災燬民居百餘家

八年七月初六日巳時災燬府前坊民居及西南延福小水四門城樓各公署劍浦驛神祠廟共十四坊計三千餘家知縣王道焜拜禱次日卯時方熄隨發賑難民復捐金三十兩築威武樓坊火墻一座以禦後患

九年四月饑斗米二錢五分知縣王道焜令富戶計口平糶

九月二十三夜府治前災燬民廬百餘家

十三年五月霪雨不止至十六七日四鄉山崩地裂（折竹主歷山崩數十餘丈后塘山崩數十餘丈甚有南崩如夷北突成山眞所謂高岸爲谷深谷爲陵也）

## 清

順治二年二月初八日大風雨雹屋瓦皆飛

三年正月十二日雨雹大者如拳小者如彈

四年二月初六日地震屋瓦有聲

四月霪雨不止

五月山崩田塌十八日大水至二十四日方退城不浸者三版

漂流民物產不可勝計進賢坊地沉深一丈廣十三丈餘壞民居廬十五間西郊後山裂闊六尺深數丈四鄉崩頹不可枚舉

五年八月南庠丁祭日學宮對山五色雲見

六年四月十九日災燬開平鐵像二坊民廬二百餘家

八年四月虎入城爪傷五人兵民圍逐潛城東深草中守捕至夜不知何往　十二月二十六日子夜地震劍潭水躍起數丈有異聲（省志此條作康熙八年）

十年至十四年郡邑虎患甚多時或入城傷人不可勝計

十一年梅山地鳴聲如水沸城北隅皆然移時而止是年大饑斗米五錢六分（此條省志作康熙十一年）

十四年正月至三月不雨秋禾半收　十一月十二日酉時地震

康熙四年四月不雨至八月

六年九月九日災鐵像堂及威武坊民居十餘家

十五年九月西郊外災燬民廬數百家延及學宫雙檜

十八年秋八月黄昏天河水鳴是月災燬鐵像堂坊民廬百餘家

十九年十一月彗星見於西方初如匹練長竟天三旬而滅

十二月延福門城樓災

二十七年三月初三日縣署災

三十三年九月二十八日災延燒七坊計民廬一千六百餘區百角樓燬

三十五年自二月不雨至於五月米價騰湧斗米錢百八十文知縣陳兆聲開倉平糶設粥賑饑民甚賴之　四月初八日西郊外災燬民廬數百家

三十六年饑知縣陳兆聲復設粥平糶　九月廣積倉坊災

四十年十二月二十三日威武坊災燬民居百餘家

四十四年二月初九日災燬威武中和二坊民廬二百餘家

四十六年五月二十三日大水入城丈餘民多賃舟以避壞民廬舍甚多

四十八年五月　日雷震縣堂左柱

五十年三月協鎮署災　九月十一日子夜地震屋瓦有聲

五十一年三月初三日東門外災燬民居百餘家

五十三年蓼地災燬民居二十八家

五十四年八月初三日未刻雷擊普通嶺羅氏婦

五十五年夏西北峽陽里諸鄉大疫　十二月災燬左三巷坊民居九十餘家知府任宗延賑之

五十六年二月延福門城樓災

五十七年四月二十九日府治前災燬民廬二百餘家延及府大門譙樓司獄廨舍南門城樓巡道劉冲知府任宗延通判楊

毓健知縣朱燮各賑給有差

五十七年汶漿災燬民居十所

六十年寶龜山災燬民居二十八家

六十一年南門城樓災

雍正二年九月北門嶺仔頭火燒民居十餘所

三年十一月火燒大關帝廟及民居四十餘家後七日又燒小關帝廟後民居十餘家有司賑之

五年春夏疫　三月汶漿災燬民居八家　又三月鹽價騰貴

十年九月城中北門地震有聲

乾隆元年五月十三日夜二更盡月華五彩周圍廣六七尺約一

更次始退

八月火燒祠堂巷王家一所又燒箭道邱家一所

二年十二月二十四日夜火燒西門外後街民居數十家幾延

學宫

四年火燒四鶴橋坊民居十所

五年正月初九日金砂葫蘆山災燬民居十七家知縣初元美

動項賑䘏

十二月梘水巷災燬民居六家

六年小兒痘疫

八年九月初一日衙後開平鐵像三坊災燬民居二百四十二

燗延燒巡道頭二門幾及延糧廳倉知縣初元美勳項賑卹是後倉外左右不許民人架屋九月寶鴉山災燬民居四十家

九年正月二十四日夜大雨火燒雄官城民居十餘家　十一月二十九日未刻壽巖里大歷口災燬民屋二百七十六燗撫縣通判金承蔭捐賑　十一月三十日埂埕村災燬民屋並拆毀一百三十七燗社神廟一座燒斃女孩一口棺柩二具知縣劉辰駿捐卹

十年九月十八日梅南下瓦村災燬民屋十九燗　十月十一日夜遷喬里官坑村災燬民屋十九燗知縣裘思通捐卹

十一年正月彗星見六月方滅　三月蘇梨村災燬民屋五燗

十三年四月二十二日亥時壽儀里大歷口新街洪水衝壞街道四丈五尺損舖屋七家淹斃一人知縣蘇渭生捐卹 十二月初九日夜火燒開平坊民居連拆毀三十餘間知縣陶敦和賑卹

十五年三月初八日吉田夏坑關帝廟災延燒民居三十二間知縣陶敦和賑卹 七月初九日大水高過城垛五丈內大街水深丈餘毀民居四百餘間淹斃男婦三人潭湖坂淹斃二人各處橋梁盡圮石壠坑山崩壓壞民屋三十二間斃男婦十四人知縣陶敦和賑卹

十五年夏有大鳥一足異狀立於東山頭

十六年黃金山嶺下井鳴聲如小鑼合坊俱聞次年春壬申恩科謝純欽捷亞魁時論以爲響應在是　十月二十夜二更道南書院地震床物皆動　月雷擊大東門民人沈麗彩死　十二月十三日水南上坊曾子清家灾燬高樓子清燒斃

十七年威遠樓灾　三月初七日夜蓼地灾延燒民居三百二十八間知縣陶敦和賑卹

十八年七月十四日酉刻雷震延福門城樓火墻崩塌壓毀夫廠民居五間壓斃驛夫民人五人傷損者無算知縣陶敦和捐卹

十八年西竺寺燬

十九年三月二十六日戌刻火燒府前坊民居三十餘家知縣陶敦和捐卹

二十年八月初十日夜火燒石宮纈章家死者男婦四人棺二具　八月十五日夜火燒左三巷鐵像堂兩坊燬民屋百餘間延及延福門城樓柱知縣陶敦和捐卹

二十二年二月初五日火燒聚奎坊吳鵬南屋一所原游居敬宅

二十三年饒源村地震屋瓦有聲

二十四年三月十三日午火燒五帝廟民居三十餘所是年夏秋之間榕樹生煙迷離如霧煙纏直上樹葉盡枯以爲必死比年復榮通城皆是雖七十老人亦訝之

二十五年四月初九日鐵像堂災燬民居三十餘櫊知縣吳宜燮捐郵　六月初一日大風府儀門傾倒壓斃一人開平坊舊庫牆倒壓斃一人鐵像堂坊新架屋倒壓斃一人　八月十七日戌時大歷後洋村三角坪災燬民居一百二十餘家斃男婦十八人

二十七年六月二十五日石壠坑火燒燬民居四十二櫊　十二月二十三夜晏公廟火燒民居四十餘家知縣趙愛捐郵

二十八年正月西郊外興化寺燬　月實龜山民盧海妻一產三女　九月初七日夜水南下坊災燬民居三十餘家棺柩一具斃者一人　九月十八夜晏公廟坊災燬民居百餘家棺柩

一具　十月二十五夜左三巷坊災燬民居二十餘椚　十二月十二日汶濮災燬民居四十一椚知縣趙愛捐卹

二十九年冬小兒痘疫　十二月葛坪災

三十年二月十五日龍山野燒延燬道南祠華表及饗堂　閏二月初六日子時地震　日南山瓦廠災斃六人　三月二十八日雷擊保福里濠頭民人饒光節斃夏饑斗米三百二十文知府傅爾泰知縣衛克堉發倉並勸富戶平糶

三十四年五月二十一日南河陡張水淹潭湖坂平街二尺餘漂流低田

三十五年十月二十四日亥刻四鶴橋坊災燬民屋數十椚

普通嶺民人黃天裘妻嚴氏一產三男

三十七年三月三十夜道前左三巷坊災燬民廬九十五家

六月初十日王臺村災

三十八年田穀大熟有一本雙穗者

三十九年四月二十九日三魁坊災燬民屋六十餘間延及延福門城樓燬　冬小兒痘疫

四十年正月十一日燬梅山寺坊曹姓屋一所

四十一年三月十四日午刻大風雨雹民居多崩塌縣東隅諸村雨雹大如甌擊斃牛羊　磜頭洋村災燬農居十餘竈傷斃一人

四十三年三月二十五夜威武坊灾延燒民居房屋一百零四
燗
四十四年十一月二十四日西芹村災燬民舍十五家𡘊龔子
和妻男女三人是年寶鎭山鄉嵋當坊後門井忽湧清泉過井
三日始止秋間該鄉盧家元中舉稱爲吉兆他年井復湧黄泉
過井三日續有虎患人以爲異
四十五年五月初五日朱地村火燒農居三十一燗　十月十
六日王㙜村災
四十六年五月雲蓋里田地村災　八月十七日大風雨雹屋
瓦皆飛

四十八年五月初二日溪水大漲自延福門東迄小水門西至左三坊平街水滿二尺餘初四日始退　九月初一日下霜田禾不實

四十九年五月二十一日東溪暴漲漂流人畜房屋樹木竟一日夜浮屍狼藉小瀛洲大瀛洲二鄉水高過屋崩塌牆屋不可勝計米價陡昂鄉邨無覓糴處剝樹皮掘草根以食外岐村黃竹生米民賴以療饑

五十年十月初九酒務巷坊災燬民廬九十餘所

五十一年十月水南坊災

五十四年元旦大雪盈尺　十一月西芹火焚民居二十餘間

五十五年七月初一夜開平坊火延燒民房一百餘間　十一月二十四夜外岐村灾延燒民房八十七間　十二月初八日道前左三坊灾延燒民居八十餘所　是年三月二十三日西芹村出虎傷人自是叠年爲患耕樵過客俱苦之官募捕弩民設機穽莫可如何至嘉慶八年冬患息計縣西長砂上下開平大內大外等村共被傷者四百餘人寶龜山鄉亦有虎患

五十六年四月二十四日大水冒城平街盈丈越三日方退五月斗米五百文　六月初三日暴雨縣北大巖石孔湧泉冲倒巖前數圍古樹十餘株半巖民居幾塌村民以犬血制之乃止

五十七年四月初一日王臺村灾燬民居一百六十餘椆　六月初二日晏公廟坊災燬民居數十椆　初六日普庵堂灾燬及民居八十餘椆

五十八年三月十四日砂溪覆船淹斃三十餘人

六十年六月斗米價五百餘郡守袁秉直甫涖任出金建郡告糴並勸富戶平糶民賴以安

嘉慶元年五月杜溪里爐下村災

二年八月二十四日地震

三年逕埒村雷斃江姓六歲子

四年正月初二日夜災燬府城隍廟前民屋數椆

四年正月初　夜灾燬晏公廟

五年雷發外岐村河濱震斃船梢一人

七年雲蓋里田地村災

九年十二月二十四夜道前左三巷坊延燒民舍一百二十餘橺　九月龍溪口村灾燬民廬七十餘橺

十年五月米價騾昂延平府李堯棟勸民間殷戶平糶縣令刁思卓續開倉平糶　十二月西芹村灾燬民房十餘橺

十一年二月二十四日鐵像衙後開平三坊災燬民居二百九十餘橺

十二年五月十五夜府前坊灾延燒民廬八十餘橺南平縣楊

桂森賑卹延燒西門城樓南平縣楊捐俸重建　十月西芹災
燬民房二十二所　十二月十九日埂埕村災
十三年四月二十六日衙後坊葉宅庫墻傾倒壓斃民人魏步
乾一家妻室子女五口文武官出資優恤　四月長安南里下
塘尾村蒼筤竹生實如米村民採取得十餘石熟而食之咸以
爲瑞　閏五月初八日戌時地震　七月城內地震
二十三年七月十四日城市廛災
二十五年無歲斗米六百文
道光元年九月二十七日市廛災
十四年五月大水饑斗米八百文

咸豐五年四月十四日府前坊災

八年饑斗米七百八十文四月初八日平糶五月二十八日開義倉六月十二日止

同治元年二月十九夜明翠閣災八月重建

三年寶穐山火災焚民屋四

四年 月 日西芹鄉華陽坊災延燒民房及店十餘棟是年城饑斗米六百六十文 五月二十八日平糶至六月二十八日止二十九日開義倉七月十一日止

八年十二月初五日東山頭坊精忠廟災燬古榕樹一大株壓斃朱姓一孩

九年七月十四日火燒五倘衕呂姓一廍屋　三月二十八日西芹街市災燬廍屋一棟店二十櫊

十二年吏古鄉產一牛五足牛頭一畀足卽搖動放生於無量寺

光緒二年五月西溪大水西門外民屋水浸數尺延福門城基陷裂城塌十餘丈米缺價昂

丁丑三年閏五月東溪大水入城鐵像坊至東門大街水深數尺父老傳聞國初大水有童謠水流延平府因以延平府匾送河水退知府張國正仿行之時米價昂官開糶於天寧寺運海米接濟

八年秋有年斗米三百文　八月孛星見　十月實鶴北山鄉火災燒燬民居二十餘家

九年五六月旱西路十鄉詣玉皇閣求雨七月旱早稻歉收十月大旱山田冬稻無收　八月初二日午三魁坊災燬庫屋店六十餘間

十一年有年斗米二百八十文

十二年七月十五日大雨十八日大水入城較丁丑年水高尺餘東溪漂流房屋無算知府雷榜榮以延平府直隸加帽靴送入河禳之午刻水退巡道恩良會同雷守知縣秋嘉禾捐米煮粥用船載往西北門外給遭水之不能爨者

十三年二月二十八夜威武坊災東至邱宅門首西至後所嶺尾嶺王廟邊火墻　四月初三初四兩夜晝綿坊地震　八月初二夜三魁坊災即九年八月初二日午刻灾處　八月三十日未刻府前坊災味蘭居烟店起延燒至西城邊燬民屋百餘橺即咸豐五年四月十四日災處

十四年正月十二夜衛撫倉坊中街灾　七月初九日天河坊土地嶺災

十七年二月酒務巷坊災華光廟燬延燒民廬四十餘橺　三月初五早大風雨東黑西紅大木斯拔

十八年十月二十三日威武坊災燬店屋五十餘橺即十三年

二月二十八日灾處西至後所嶺東至葉宅墻邊　十一月二十三晚化劍閣災

十九年十二月初四日鐵像坊灾自廟前東至延福門邊火墻是年東連左三坊添築火墻一座次年三月成

二十年十二月中和坊邱宅燬　羅勝巷王宅灾

二十一年十二月二十一日未刻交春時天主堂葉宅灾

二十四年十月十二日鐵像坊災自火墻西至開平衞後燬民居二百餘間

二十五年十二月初六至初八日大雪四山皆白屋瓦積雪寸餘

二十六年正月初七夜大雪四山皆白　六月初三日大水先

五月晦連日大雨初三夜子刻泛漲入城高丈餘府前鹿角架

有水東西兩溪漂流房屋無算時斗米八百文十四日開[illegible]倉

平糶二十天　九月十五日早白馬廟災　十二月初四日龍

山道南祠災

二十八年六月初一日縣學大成殿災兩廡及名宦鄉賢祠盡

燬　七月十三昧爽西芹鄉大街災燬店屋四十餘間

二十九年三月初十日傍晚水東災　閏五月初七日後所嶺

尾葉宅災

三十二年丙午三月初四日黎明地震　六月十八日茂地鄉

水纍張溺斃男婦十八人上洋田畝崩塌甚多是月蟲食松鬚長數寸樵者踏之足爛斗米七百二十文七月初一日開義倉平糶 十二月二十九日化劍閣樓亭災

三十三年夏五月斗米八百四十文五月十八日開義倉平糶十日殷戶續糶 十一月三十日鎮口坊德勝廟災燬民居十餘櫩先於十月十二日北路汶漿鄉火燬六十二家

三十四年五月初八日水南上坊災燬民房十六櫩是冬小孩痘疫多夭 十月蓋頭鄉火災一十七家

宣統二年五月二十一日下午鐵像坊災延燒設廳廟六邑公館東至道衙前西至開平坊火墻燬民廬一百二十三櫩巡道彭

巡會同知府惲毓嘉知縣王攢中各賑粥發給災民洋銀二百
八十元分極貧次貧賑之是年夏四月彗星見
宣統三年元旦昧爽天大雷雨
民國元年壬子一月一日未初府育嬰堂前廳災　晏公廟左廂
災　六月十八日開義倉平糶每斗三百八十文
二年癸丑春三月大雨雹　六月斗米銀一元零十二日開義
倉平糶每斗四百文
三年甲寅春正月十七日馬站渡亭災　四月十七晚西城外
進賢坊災燬民屋三間
四年乙卯春二月大雨雹　九月蓋頭鄉火災燬二十餘家

五年丙辰冬十二月二十日午水南太保廟災羅源里篁路等鄉冬有虎患數月紙槽傭工被噬約有十餘人北路各鄉竹山蟲食竹葉殆盡竹多枯是年冬旱河水淺甚

七年戊午春正月初三日未初刻地震墻屋動盪約一分鐘止城鄉皆同

八年己未夏六月初五日酉正一刻地動屋瓦有聲

# 【民國】順昌縣志

高登艇、潘先龍修　劉敬等纂

民國二十五年(1936)鉛印本

## 祥異

宋

天聖四年六月丁亥大水壞官民廬舍千餘溺死者無算

皇祐初瑞粟一本十二穗

六年瑞粟一本三十九穗

宣和五年交溪廖懋家居役夫解柿水爲薪中有文曰聖元天和四字字體端楷墨色瑩然

紹興四年春霪雨至於五月

乾道四年槎溪祥雲彌布大雨至田間水隨雲湧高三十餘丈東流百餘丈有神物隱現是年廖德明登科按廖德明係乾道五年已丑舉進士

淳祐六年瑞禾一本三十九穗

十二年七月大水冒城郭漂室廬死者無數

元

至正元年嘉禾一莖五穗

四年夏秋大疫

明

永樂十四年夏大水兩岸居民漂溺惟縣治高得免

成化十年廖中家蓮開並蒂結實二十四枚明年登第歷官二十四年

十二年四月不雨至十二月原田坼裂南深丈餘闊一二尺者禾稼無收

十九年星晝見

二十一年四月大水五月復漲倍前漂屋害稼

宏治十二年饑

十七年七月初三日甘露降縣庭

正德十四年元旦大雪雜以霰有如珠玉者有如米穀麥者菽豆者童謠云天官賜福滿地雨粟時和歲豐家給人足是歲大有年

七月雲五色光映縣署凝秀亭

十五年大有年

嘉靖十四年五月水漲

二十六年饑府志作夏饑

三十四年五月邑人伐松樹剖之中有花下一壺酒五字

三十六年黑眚爲災民間訛傳馬騮精善魅婦人南將亦然有道士鬻符於市能治之有司疑魅爲道士所爲捕之逃去怪亦遂息

隆慶元年秋試九月朔日昏祥光見照耀榜山是夕陳文著盧應瑜捷至

萬歷三年大水屋宇漂沒甚衆溺死者不可勝計冬禾稼倍熟十三年縣治前火延南門城樓

二十六年饑

二十九年松林嶺火延燒民居數百所

三十二年虎傷人有司捕獲之

三十年大水溺死無算

四十三年西來寺火延民居百餘所

天啓二年富屯火燬二百餘家知縣張陽純初涖任捐俸計竈賑恤

天啓四年旱饑南門外患虎

六年秋旱

崇正元年大饑

二年十月西門火延至臨水宮

五年陳可貞家香爐開花紅紫色士民環觀

六年八月火災按府志增入

八年大饑是年城隍街火至察院巷紀綱重地牌坊燬

十一年七月察院巷前火延至府館

清

順治四年六月漠布大巷墩石頭開花七月有飛虎入城隍廟十一年二月丁祭大成殿燭花祥光如輪是年何純子登科十七年庚子文昌閣會課聞桂花香及鼓樂聲是科何儒顯登科

康熙三十五年四月至七月不雨

三十六年大旱饑五月五日罷市是秋大熟

三十七年有年

四十三年大旱斗米四分是年四分爲價昂矣按府志康熙十一年將樂大饑斗米價五錢六分順昌斗米四分以爲價貴疑有誤

四十六年五月大水

五十八年西門火延至臨水宫

雍正四年饑斗米七十文是時以爲食貴矣

乾隆五年大有年

八年饑

十四年八月十四日未刻地震

十五年七月初九日水漲入城

三十九年五月初十日南鄉大水入城

四十六年饑鄉斗米百四十文知縣田怡捐俸振濟民賴以安

四十九年饑鄉斗米百五文

五十四年晝錦坊火

嘉慶二年六月十二日戌刻地大震有聲如雷　南津門譙樓火延燒晝

錦坊

三年十一月二十五日星隕如雨

五年數有虎入城傷畜

十一年疫

十三年大有年

十五年旱

十七年八月聖廟內數見麞鹿欲獲不得人皆以爲明科吉兆

十八年五月大水冒城郭室廬漂流惟縣治高得免是科陳詔賢鄧坤成登科

二十年旱

二十三年大有年

二十四年大有年

二十五年五月至七月不雨知縣玉其福率紳耆禱雨於山頂玉皇得雨是秋歉

道光元年春夏米價昂貴民難食是秋熟

五年旱

六年旱

七年旱十二月館驛火延燒民居店面數十餘家惟將軍廟黑風尊王廟未燬

九年大旱二月東門火延燒居民數十家惟愍節祠未燬五月火延燒察院居民數椽

十年旱以上舊志

光緒五年五月初五日鄭坊鄉火延燒民居五十餘家

宣統三年東區榜山南區元坑光地西區大幹上山北區洋墩蔡坑生蝗貓兒竹葉被蝕殆盡筍業大傷

民國十四年六七月間北區蔡坑秀溪洋墩東區榜山有羣鼠齧田禾及雜糧間有全坵被齧盡萎以上據採訪册